Neuzeitliche freitragende Dacheindeckungen

Versuche, Theorie und praktische Anwendungen
zum Behelf für Ingenieure, Architekten
Baubehörden und Baugeschäfte

Von

Dr.-Ing. **Luz David**

Magistratsbaurat in Berlin

Mit 73 Textabbildungen

Springer-Verlag Berlin Heidelberg GmbH 1927

ISBN 978-3-662-31947-5 ISBN 978-3-662-32774-6 (eBook)
DOI 10.1007/978-3-662-32774-6

Vorwort.

Es wird wohl kaum einem Zweifel unterliegen, daß heutigen Tages die neuzeitlichen Arten freitragender Dacheindeckungen — deren wichtigste Vertreter: Leichtsteindecken, Bimsbetondielen und Glaseisenbetondächer — sich noch nicht in jenem großen Umfang Eingang ins Bauwesen verschafft haben, der ihnen eigentlich von Natur aus zukommt. Zwar sind damit nach oberflächlicher Schätzung gewiß etwa schon 5 Millionen Quadratmeter eingedeckt worden, jedoch ist dieses noch verhältnismäßig wenig gegenüber den insgesamt mit andern Dachdeckungen ausgestatteten Dachflächen.

Es soll nun der Zweck des vorliegenden Büchleins sein, die technische Bekanntschaft mit diesen neuzeitlichen Dachdeckungen zu erleichtern, insbesondere auch durch Erörterung der einschlägigen Versuche und Bestimmungen sowie durch praktische Winke für den Bauentwurf selbst, wobei auch die Preise in den entsprechend möglichen Grenzen mit aufgeführt sind.

Jegliche Anregung zur Verbesserung und Vervollständigung aus dem Kreise der Fachkollegen würde ich recht dankbar begrüßen.

Berlin, im Frühjahr 1927.

Luz David.

Inhaltsverzeichnis.

Einleitung.

Betrachtet man heutigentages die Dacheindeckungen unserer Wohnhäuser und Monumentalbauten, so kann man die Feststellung machen, daß im allgemeinen bei den steilen Flächen Ziegel und Schiefer, bei den flachen dagegen Pappdächer in den verschiedenen Abwandlungen vorzufinden sind. Bei Industriebauten herrscht überwiegend das übliche Teerpappdach in Verbindung mit Glasflächen auf eisernen Sprossen vor[1]). Im großen und ganzen also genau wie vor 50 Jahren, mit dem einzigen Unterschied, daß die Glasflächen häufig ohne Verwendung von Kitt in Sondersprossen verlegt sind.

Sucht man nach Gründen für den hierin liegenden mangelnden technischen Fortschritt, so kann man sie einmal auf wirtschaftlichem, das andere Mal auf psychologischem Gebiete suchen. In wirtschaftlicher Hinsicht ist es wohl unleugbar, daß die üblichen Zimmermannsdachstühle, wie sie fast ausnahmslos bei Wohnhausbauten verwendet werden, nur für die althergebrachte Art der Ziegel- oder Schiefereindeckung in Frage kommen und in der heutigen Form auch am billigsten sind. Jedenfalls billiger als eiserne Rahmenbinder mit einer Steineisendachdecke, obwohl letztere Konstruktion den großen Vorteil eines völlig freien Dachraumes und eine ganz andere Feuersicherheit besitzt. Anders liegen die Verhältnisse bei Monumentalbauten und Fabrikanlagen; dort ist es der Fachwerk- oder neuerdings fast stets der Rahmenbinder, der wirtschaftlich vorherrscht; gar oft ist aber festzustellen, daß, statt nun eine der neuzeitlichen freitragenden Dacheindeckungen zu wählen, unter Anwendung von eisernen oder hölzernen Pfetten, Sparren und Latten der Rückfall zur althergebrachten Ziegeleindeckung erfolgt. Gerade hierin mag aber der psychologische Grund liegen: einmal das Bewußtsein der Sicherheit in der Anwendung des Althergebrachten, das andere Mal: das noch nicht genügend erstarkte Vertrauen zu den verhältnismäßig jungen Neukonstruktionen. Die nachfolgenden Ausführungen haben nun den Zweck, den entwerfenden Baukünstler in bezug auf die wichtigsten freitragenden Dacheindeckungen zu unterrichten und die Grenzen ihrer Anwendungsmöglichkeit anzugeben. Weil das Zutrauen zu einer Neukonstruktion nur mit dem Erkennen ihrer Übereinstimmung mit der Theorie erwächst, so ist hier auch eine dementsprechende Reihenfolge für die Behandlung der einzelnen Neukonstruktionen gewählt worden.

[1]) Natürlich abgesehen von Eisenbetonbauten.

I. Die Eindeckung mit Bimsbeton.

a) Der Baustoff.

Die Anwendung der Bimsbetonplatten als Dacheindeckung ist etwa 15 Jahre alt. Der wesentliche Baustoff ist der Bimssand. Er ist vulkanisch ausgeworfen, gleichsam ein Sohn des Trachyts, ebenso wie der Traß, der aber noch lösliche Kohlensäure enthält, worauf seine Abbindefähigkeit beruht; im übrigen sind sie, chemisch genommen, dasselbe. Als Ausbruchsherd ist die vulkanische Eifel etwa in der Gegend des Laachersees zu suchen. Unter den Lagern aufgefundene Steinwerkzeuge zeugen davon, daß der Mensch bereits den furchtbaren Ausbruch erlebt hat.

Der etwas schräge aufwärts nach Osten gerichtete Kraterschlund schleuderte den Bimssand bis an die 140 km[1]) weit in das Land, denn Bimsvorkommen finden sich östlich der Eifel bis über das Neuwieder Becken hinaus nach Marburg a. d. Lahn. Diese Bimsausbrüche in Form von Aschenregen erfolgten, wie aus der Schichtbildung zu erkennen, etwa neunmal. Die Korngrößen sind in der Nähe der Ausbruchsstelle etwa kopfgroß, in der Gegend des Neuwieder Beckens schon nur mehr nußgroß; dort ist überdies das Korn auch sehr gleichmäßig, so daß sich hier die Bimsindustrie festgesetzt und stark entwickelt hat.

Für die Verwendung zu Bimsbetonplatten erfährt der Bimssand eine Aufbereitung von der Art, daß etwaige Einlagerungen (z. B. Lößschichten) entfernt und die verschiedenen Korngrößen gesondert werden. Die günstigste Betonmischung ist 1 Teil Zement : 2 Rheinsand : 3 Bimssand, und wenn die Betonbeanspruchungen nicht voll ausgenutzt werden 1 : 1½ : 3½. Die Größe der zulässigen Beanspruchung des Bimsbetons von vornherein festzulegen, ist mit Schwierigkeiten verbunden, weil sie von dem mehr oder minderen Zuschlag an Kiessand und von dem verschieden großen Grad der Porosität des Bimssandes abhängig ist[2]). Fordert man nun auf der einen Seite, daß das Gewicht des Bimsbetons beispielsweise nur 1400 kg/m³ sein soll, so kann man unmöglich auf der anderen verlangen, daß ein solcher Bimsbeton z. B. 35 kg/cm² zulässige Beanspruchung aufweisen soll. Mit einem Wort,

[1]) Eine außerordentlich fesselnde und dabei kurze Darstellung der genannten vulkanischen Vorgänge gibt Dipl.-Ing. Engler in der Zeitschrift „Vulkanische Baustoffe" 1925, Nr. 4. Neuwied a. Rh.

[2]) Im Mittel wird man mit 25 kg/cm² rechnen.

man wird sich zweckmäßigerweise durch Würfelproben mit der beabsichtigten Mischung, sowohl von Festigkeit als auch spezifischem Gewicht, überführen. Das Raumgewicht der Würfeldruckproben wird im allgemeinen etwas höher sein als das Gebrauchsgewicht der Bimsbetonplatten, weil aus den Probewürfeln noch nicht alles chemisch nicht gebundene Wasser verdunstet ist. Da der Bimssand ein außerordentlich poröser Zuschlagsstoff ist, so wird das spezifische Gewicht des Bimsbetons naturgemäß bedeutend geringer sein wie das des reinen Kiesbetons: die Firma Remy, Neuwied, gibt hierfür 1400 bis 1500 kg/m³ [1]) an und für den reinen Bimssand selbst etwa 800 kg pro m³.

b) Versuchsergebnisse[2]).

1. Versuche mit 30 cm-Würfel auf Druckfestigkeit.

Versuchsreihe vom 16. III. 1914.

Abmessung 30 · 30 · 30,5 cm.

Mittleres Raumgewicht am Tage der Prüfung 1,807.

Mittlere Druckfestigkeit bei der Zerstörung **237** kg/cm².

Mischungsverhältnis und Alter der Proben sind in der Quelle leider nicht angeführt.

Versuchsreihe vom 24. XI. 1915.

Mittleres Raumgewicht am Tage der Prüfung 1,626.

Mittlere Druckfestigkeit **173** kg/cm²

Mischungsverhältnis nach Angabe der Antragsteller: 1 Zement, 2 Rheinsand, 3 Bimskies.

Das Alter der Proben war leider nicht feststellbar.

Nach dem Festigkeitsverhältnis zu urteilen, ist die erste Versuchsreihe offenbar reicher an Kiessand wie die zweite, wofür auch das höhere Raumgewicht spricht.

2. Biegungs-Versuche mit einzelnen Platten.

Außer den gewöhnlichen Vollplatten gibt es Vollplatten mit Lochaussparungen, sogenannte Stegplatten (Abb. 1), Kassettenplatten nach Abb. 2 und schließlich die Kombination der beiden letzteren: Stegkassettenplatten (Abb. 3).

Der nachstehend im kürzesten Auszuge gegebene Versuch vom 31. VI. 1916 ist interessant, weil die Tragfähigkeiten ein und derselben Plattengröße nun in den vorgenannten verschiedenen drei Ausführungsarten vergleichbar sind; die Stützweite betrug durchweg 2,0 m.

---

[1]) Nach den Ministeriellen Bestimmungen: 1450—1750, im Mittel 1600 und für Bimssand 400—900, im Mittel 700.

[2]) Von der Firma Remy Nachf., Neuwied, zur Verfügung gestellt, ebenso wie die Konstruktionsbeispiele.

Ausführung nach	Bruchlast in kg/m²	Größte Durchbiegung vor dem Bruch in cm	Bemerkung
Abb. 4	1295	1,025	
„ 5	1442	1,140	Bruch in der
„ 6	1432	1,10	Mitte

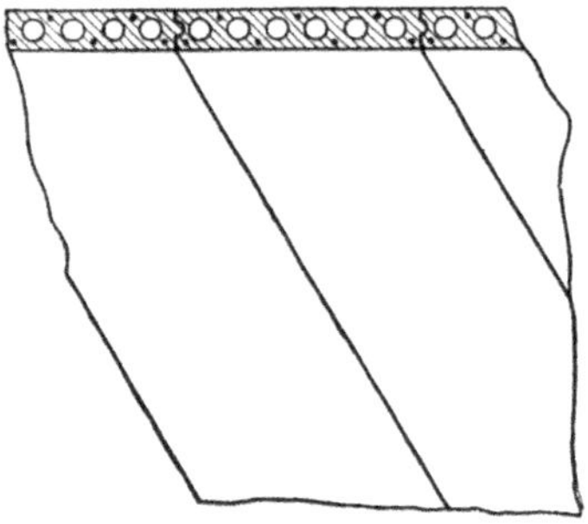

Abb. 1. Stegplatte.

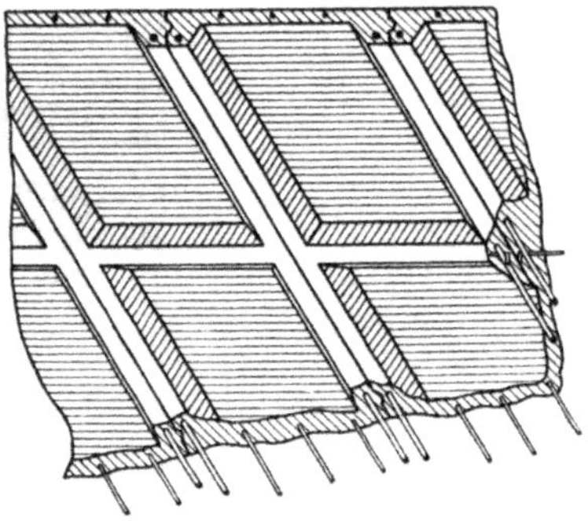

Abb. 2. Kassettenplatten.

Bezüglich der Abmessungen ist zu bemerken, daß sämtliche Plattenabmessungen und Bewehrungsweisen gleich sind: eine geringe Abweichung findet sich nur in Abb. 6, wo die Hauptrippe 0,5 cm höher, dafür aber die dazwischenliegende Stegplatte 1,5 cm niedriger ist wie in Abb. 5.

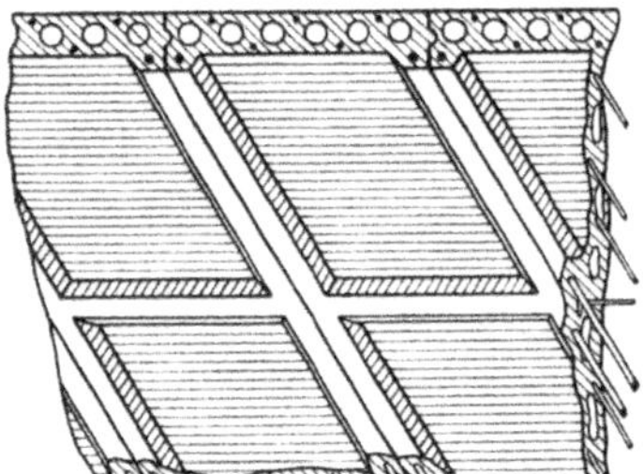

Abb. 3. Stegkassettenplatten.

Man erkennt, daß sich die Stegplatte (Abb. 5) am tragfähigsten zeigt. Obgleich nun im Festigkeitslaboratorium die Versuchsstücke sorgfältiger behandelt werden wie auf der Baustelle, so ist, nach den erzielten Bruchlasten zu schließen, wohl unter allen Umständen eine reichliche Sicherheit vorhanden. Selbst wenn die Gesamtbelastung des Daches mit 250 kg/m² angenommen wird, so ist noch immer eine Sicherheit von rd. $n = 1295 : 250 = 5{,}4$ rd. 5fach vorhanden, ein gewiß in jeder Beziehung ausreichender Wert.

Ein weiterer Versuch, bei dem 6 Platten zu einer 3feldigen durchlaufenden Konstruktion zusammengefügt sind: die Platten sind nach Art der Abb. 7 in den Ecken zusammengehalten. Es ist dadurch zwar im statischen Sinne selbstverständlich keine vollkommene Kontinuität zu erwarten; immerhin ist aus Abb. 9a zu schließen, daß das Mittelfeld sich wesentlich weniger durchbog, daß eine kleine Einspannung durch die Eckbefestigung nach Abb. 7 erfolgt sein dürfte. Die Spannweiten betrugen je 2,53 m und mit der Bedeutung von Abb. 6:

$h_1 = 9{,}5$ cm, $h_2 = 7{,}5$ cm, die Rippenbewehrung R.-Eisen 1 cm, in der Stegplatte R.-E. 0,5 cm. Die Bruchlast des Mittelfeldes betrug 4150 kg entsprechend einer Belastung von 1140 kg/m²; nimmt man in

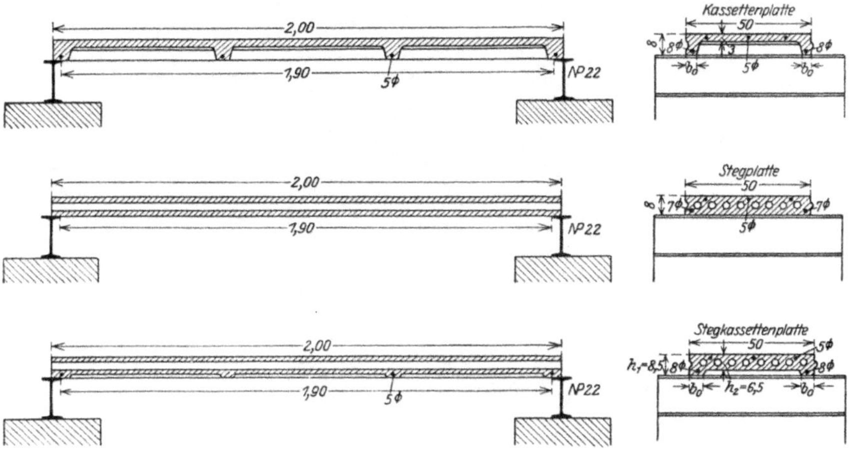

Abb. 4—6.

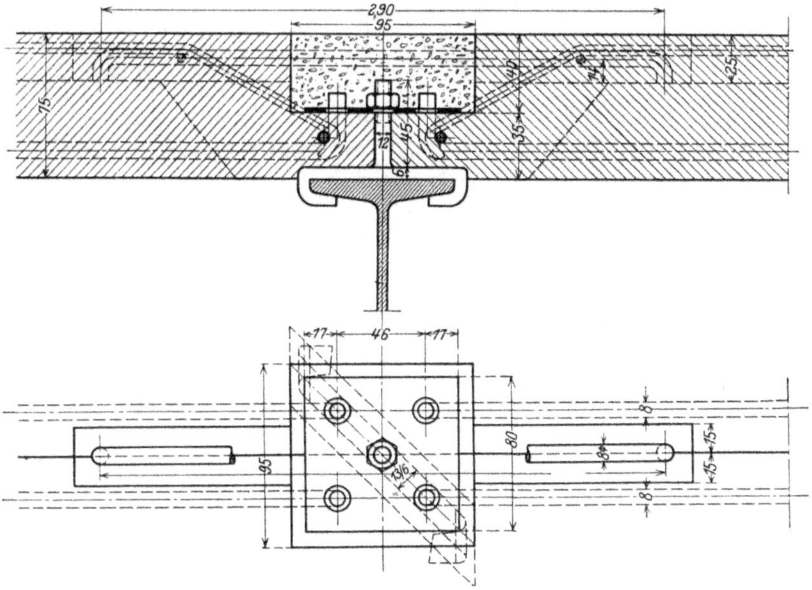

Abb. 7. Doppelhakenschrauben-Befestigung.

praxi eine Gebrauchsbelastung von 270 kg an, so wäre die Sicherheit 1140 : 270 = rd. 4,3fach. Zur Vervollständigung des Bildes muß aber noch hinzugefügt werden, daß das Endfeld nur eine Belastungsbreite

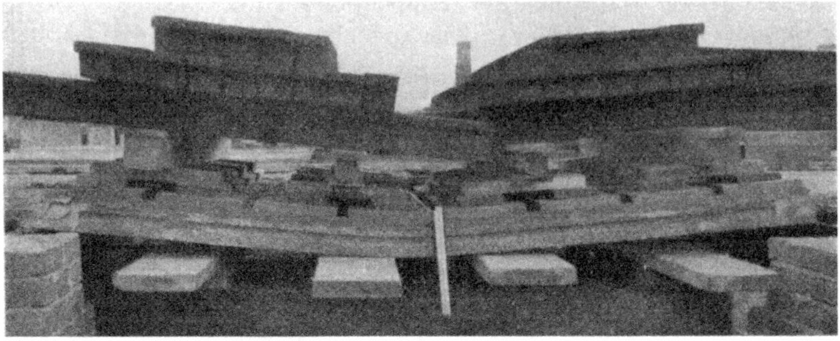

Abb. 8. Mittelfeld einer Remykassettenplatte; $l = 2{,}53$, Bruchlast 4150 kg, Breite 1,5 m.

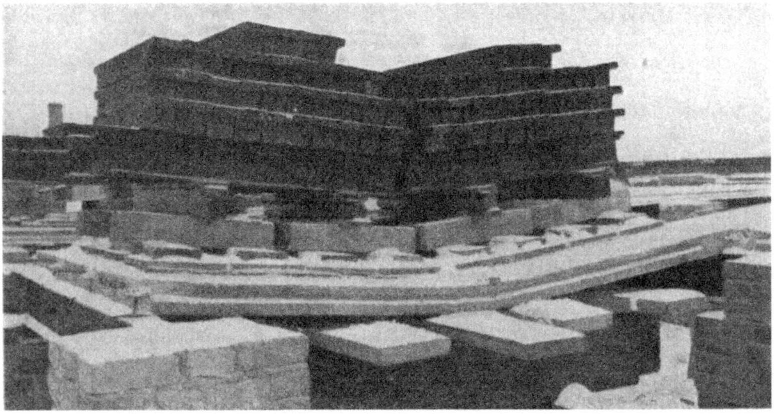

Abb. 9. Endfeld einer Remykassettenplatte; $l = 2{,}53$ m, Bruchlast 4080 kg, Breite 1,5 m, $d = 9{,}5$.

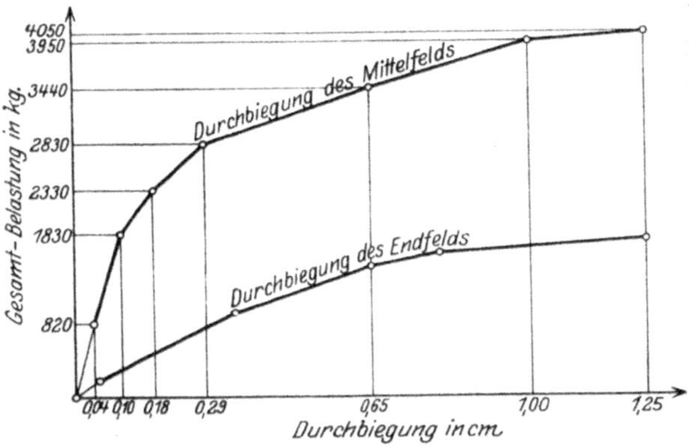

Abb. 9a. Durchbiegung von Remyplatten.

von 1 m hatte, während das Mittelfeld die aufgebrachte Last auf die ganze Breite von 1,5 m verteilt erhielt; infolgedessen ist die Durchbiegung des Endfeldes von Hause aus erheblich kleiner wie die des Mittelfeldes (Abb. 8). Die Bruchlast des Endfeldes betrug 4080 kg (Abb. 9).

Mittlere Gewichte aus folgender Tabelle entnehmbar:

Gewichtstabelle über Bimsbetonplatten

System F. Remy Nachf. Unterhalb der Staffellinie sind die Platten in bezug auf Beanspruchung ausgenutzt.

a) Kassettenplatten (Abb. 2).

Platten-länge	breite	65	70	75	80	85	90 mm
1500	500	41,20	42,00	44,25	45,75	51,00	52,50
1600	500	44,00	44,80	47,20	48,80	54,40	56,00
1700	500	46,75	47,60	50,15	51,85	57,80	59,50
1800	500	49,50	50,40	53,10	54,90	61,20	63,00
1900	500	52,25	53,20	56,05	57,95	64,60	66,50
2000	500	55,00	56,00	59,00	61,00	68,00	70,00
2100	500	57,75	58,80	61.95	64,05	71,40	73,50
2200	500	60,50	61,60	64,90	67,10	74,80	77,00
2300	500	63,25	64,40	67,85	70,15	78,20	80,50
2400	500	66,00	67,20	70,80	73,20	81,60	84,00
2500	500	68,75	70,00	73.75	76,25	85,00	87,50
2600	500	71,50	72,80	76,70	79,30	88,40	91,00
Gewicht pro m²		55,00	56,00	59,00	61,00	68,00	70,00

(Spaltenköpfe 65–90 mm: Plattengewichte in kg bei Plattenstärke *d*)

b) Stegplatten (Abb. 1).

Platten-länge	breite	65	70	75	80	85	90 mm
1500	500	59,25	59,25	64,50	58,50	64,50	69,00
1600	500	63,20	63,20	68,80	62,40	68,80	73,60
1700	500	67,15	67,15	73,10	66,30	73,10	78,20
1800	500	71,10	71,10	77,40	70,20	77,40	82,80
1900	500	75,05	75,05	81,70	74,10	81,70	87,40
2000	500	79,00	79,00	86,00	78,00	86,00	92,00
2100	500	82,95	82,95	90,30	81,90	90,30	96,60
2200	500	86,90	86,90	94,60	85,80	94,60	101,20
2300	500	90,85	90,85	98,90	89,70	98,90	105,80
2400	500	94,80	94,80	103,20	93,60	103,20	110,40
2500	500	98,75	98,75	107,50	97,50	107,50	115,00
2600	500	102,70	102,70	111,80	101,40	111,80	119,60
Gewicht pro m²		79,00	79,00	86,00	78,00	86,00	92,00

(Spaltenköpfe 65–90 mm: Plattengewichte in kg bei Plattenstärke *d*)

c) Vollplatten.

Platten-länge	Platten-breite	Plattengewichte in kg bei Plattenstärke d 65	70	75	80	85	90 mm
1500	500	68,25	73,50	78,75	84,00	89,25	94,50
1600	500	72,80	78,40	84,00	89,60	95,20	100,80
1700	500	77,35	83,30	89,25	95,20	101,15	107,10
1800	500	81,90	88,20	94,50	100,80	107,10	113,40
1900	500	86,45	93,10	99,75	106,40	113,05	119,70
2000	500	91,00	98,00	105,00	112,00	119,00	126,00
2100	500	95,55	102,90	110,25	117,60	124,95	132,30
2200	500	100,00	107,80	115,50	123,20	130,90	138,60
2300	500	104,55	112,70	120,75	128,80	136,85	144,90
2400	500	109,10	117,60	126,00	134,40	142,80	151,20
2500	500	113,65	122,50	131,25	140,00	148,75	156,50
2600	500	118,20	127,40	136,50	145,60	154,70	162,80
Gewicht pro m²		91,00	98,00	105,00	112,00	119,00	126,00

d) Stegkassettenplatten.

Die Gewichte der Stegkassettenplatten stellen sich zirka 7—8% höher als die der Stegplatten.

3. Stoß-Versuche.

Die Stoßprobe ist hier erstmalig von der Berliner Baupolizei gefordert worden mit der Begründung, daß ein von einem höher gelegenen Punkte abstürzendes Werkzeug das Dach nicht durchschlagen darf (es ist nämlich schon vorgekommen, daß bei einem Bauwerk mit verschiedenen Höhen der einzelnen Baukörper ein von dem höheren Teil abstürzender Hammer glatt die Dachhaut des niedrigeren Baues durchschlagen hat); außerdem muß jede Dachdeckung in dieser Hinsicht gleichwertig einer mindestens ¾zölligen Schalung sein. Die Stoßprobe wurde dergestalt durchgeführt, daß über die etwa in Meterhöhe aufgebauten Platten ein Fallgerüst mit einem auslösbaren Fallgewicht von birnenförmiger Gestalt und von 3,4 kg errichtet wurde. Die Ergebnisse waren folgende:

a) Kassettenplatten 178 cm lang, 9 cm dick, Kassettenspiegel 3 cm stark.

Fallhöhe 1,0 m Zerstörung: bei verschiedenen Stücken schwankend, angefangen von geringer muldenförmiger Vertiefung bis zu einem Loch von 1,5 bis 1,8 cm je nachdem das Fallgewicht quer oder längs aufgeschlagen hatte.

Fallhöhe 2,0 m	. . . .	Loch von 3,0 cm	im Kassetten-spiegel
„ 2,5 „	. . . .	„ „ 3,75 „	
„ 3,0 „	. . . .	„ „ 4,2 „	

b) Stegplatten 198 cm lang und 9 cm dick.

Fallhöhe 2,5 m	. . . .	geringe muldenförmige Vertiefung bei Queraufschlag,
„ 3,5 „	. . . .	wie vor., Loch von 2,5 cm bei Längsaufschlag

Man erkennt, die Stegplatten sind naturgemäß gegen Stoß widerstandsfähiger wie die Kassettenplatten.

Damit ist der Stoßprobe der Versuchsstücke Genüge geleistet. Es ist aber darauf zu achten, daß die Kassettenspiegel nicht unter 3 cm stark sind, und daß die Kassettenspiegel selbst Bewehrungsdrähte von 5 mm ⌀ in höchstens 10 bis 12 cm Abstand erhalten.

c) Theorie.

Die Berechnung der Bimsbetonplatten ist identisch mit der üblichen Eisenbetonberechnung; es taucht aber hier die Frage nach dem Elastizitätsmodul auf. Da der Bimsbeton fraglos leichter zusammendrückbar ist wie der reine Kiesbeton, so wird auch der Elastizitätsmodul kleiner sein, was natürlich dann für die Wahl des Wertes $n = E_e : E_b$ bestimmend ist. Nach Versuchen[1]) ist

für 1 Zement, 2 Rheinsand, 2 Bimskies $E_b = 132000$ kg/cm²,
„ 1 „ 2 „ 4 „ $E_b = 99100$ „ .

Nimmt man nun für das bei der Herstellung von Bimsplatten gebräuchliche (genau in der Mitte zwischen obigen Mischungen liegende) Mischungsverhältnis 1 Zement, 2 Rheinsand, 3 Bimskies das Mittel aus obigen Elastizitätszahlen an, so erhält man

$$E_b = \frac{132000 + 99100}{2} = 115550 \text{ kg/cm}^2 .$$

Da für Kiesbeston $E = 140000$ und $n = 15$ vorschriftsgemäß zu setzen ist, so erhielte man für Bimsbeton einen Wert:

$$n = 15 \cdot \frac{140000}{115550} = 18{,}17 .$$

Es wäre somit n ein wenig näher an 20 als an 15; im übrigen spielt es keine allzu große Rolle, ob die obere oder untere Grenze von n eingesetzt wird, wie aus nachfolgendem Beispiel hervorgeht.

Kassettenplatte.

Stützweite	2,46 m (im Grundriß gemessen),
Plattenbreite	0,50 m,
Plattenstärke	8,0 cm,

[1]) Kleinlogel: Einflüsse auf Beton. S. 84. Berlin: Wilh. Ernst & Sohn. 1925.

Untersuchte Plattenbreite . . .	1 m,
Rippenbreite b_0	6,0 cm,
Dachneigungswinkel	12°,

Belastungen.

Eigengewicht		75 kg/m² [1])
Pappbelag und Sand		15 „
Schnee 75 · 0,978	rd.	75 „
Wind rd. 125 · 0,208²	rd.	5 „

Belastung infolge Wind und Schnee

$$Q^{s+w} = (75 + 5)\,1 \cdot 0 \cdot 2{,}46 = 196\,\text{kg} < 200\,\text{kg}\,,$$

somit ist nach C, a, Nr. 9 der ministeriellen Bestimmungen über die bei Hochbauten anzunehmenden Belastungen[2]) außer dem Eigengewicht noch die Reparaturlast von 100 kg einzuführen. Da die Platten mit Nut und Feder ineinandergreifen und vergossen sind, so kann wohl unbedenklich die Reparaturlast von 100 kg auf 1m Plattenbreite verteilt werden.

Somit erhält man:

$$Q_g = 2{,}46 \cdot 1{,}00\,(75 + 15) = \text{rd. } 220\,\text{kg},$$
$$Q_p = 100 \cdot 0{,}978 \qquad = \text{rd. } 100\,\text{kg}\ ^{3)}.$$

$$M = \frac{220 \cdot 246}{8} + \frac{100 \cdot 246}{4} = 6765 + 6150 = 12\,915 \text{ cmkg rd. } 12\,900 \text{ cmkg}\,,$$

gewählt

$$4 \varnothing 9 \qquad f_e = 2{,}54\ \text{cm}^2,$$

für $\sigma = 24/900$ und $n = 15$ (bei $\sigma = 25/1000$ würde man nämlich mit der gewählten Plattenstärke nicht auskommen),

$$h = 0{,}568\ \sqrt{129} = 6{,}45\ \text{cm}\,,$$
$$f_e = 0{,}216\ \sqrt{129} = 2{,}45\ \text{cm}^2 \text{ vorh. } 2{,}54\ \text{cm}^2\,,$$
$$d = 6{,}45 + 0{,}45 + 1{,}0 = 7{,}9\ \text{cm vorh. } 8{,}0\ \text{cm}\,.$$

Um nun den Einfluß der Größe von n zu erkennen, berechnen wir mit $n = 15$ und den früheren Spannungen 24/900:

$$x = 0{,}286 \cdot h = 0{,}286 \cdot 6{,}50 = 1{,}86\ \text{cm}.$$

damit wird

$$\sigma_b = \frac{2 \cdot 12\,900}{100 \cdot 1{,}85\,(6{,}5 - 0{,}61)} = 23{,}6\ \text{kg/cm}^2$$

---

[1]) Lt. Tabelle S. 7.

[2]) Berlin: W. Ernst & Sohn 1924.

[3]) Man könnte etwas sparsamer rechnen, indem man berücksichtigt, daß die Reparaturlast mindestens auf einem Raum von ca. 40 × 40 cm verteilt ist; dann wird das Moment infolge der Rep.-Last $M = \frac{100}{2}\left(\frac{246}{2} - \frac{40}{4}\right) = 5650$ cmkg statt 6150 cm kg; auf das Gesamtmoment macht das nur 4,8%.

und bei $n = 20$ und 24/900

$$x = \frac{20}{15} \cdot 1{,}86 = 2{,}46 \text{ cm},$$

und

$$\sigma_b = \frac{2 \cdot 12\,900}{100 \cdot 2{,}46\,(6{,}5 - 0{,}81)} = 18{,}5 \text{ kg/cm}^2$$

und ferner

$$\sigma_e = \frac{12\,900}{2{,}54 \cdot 5{,}7} = 890 \text{ kg/qcm}^2 .$$

Man erkennt, daß die Wahl des Wertes n keine besondere Rolle spielt, da aus wirtschaftlichen Gründen die Eisenbeanspruchung nie voll ausgenutzt wird (um nämlich niedrige Plattenhöhen zu erhalten) und überdies die Betonbeanspruchung durch Annahme eines größeren „n“ rechnungsmäßig kleiner ausfällt. Trotzdem wäre es am Platze, wenn von irgendeiner Seite eine Versuchsreihe angestellt würde, um den Elastizitätsmodul von Bimsbeton festzustellen, und zwar etwa von $\sigma_b = 25$ kg/cm² angefangen bis zur Bruchbeanspruchung mit den Mischungsverhältnissen:

Zement	Rheinsand	Bimskies
1 :	½ :	4½
1 :	1 :	4
1 :	1½ :	3½
1 :	2 :	3
1 :	2½ :	2½

Es müßten dabei stets die Hohlräume gemessen werden, ebenso wie der Wasserzusatz und das sog. „Setzmaß“[1]). Ferner wäre auch gewöhnlicher und nachher hochwertiger Zement auszuprobieren.

Bei den Stegplatten und Stegkassettenplatten brauchen die Hohlräume nicht abgezogen zu werden, wenn die Betonbiegungsbeanspruchung errechnet wird; dies mit um so mehr Berechtigung, als die Hohlräume der Hohlsteine auch nicht abgezogen werden.

Dies trifft natürlich nicht in demselben Maße zu für die Berechnung der Schubspannungen der vorgenannten Platten mit Hohlräumen.

Zur Frage der Schubspannungen selbst ist folgendes zu bemerken. Bei Vollplatten und Stegplatten sind die Schubspannungen sehr klein und brauchen in der Regel nicht weiter untersucht zu werden. Anders bei Kassettenplatten. Dort muß die Rippenbreite b_0 (vgl. Abb. 4 u. 6) ausreichend bemessen werden, um keine zu große Schubspannung zu erhalten. In unserem Beispiele ist $b_0 = 6$ cm; für 1 m Breite sind 4 Rippen vorhanden, somit

$$= 4 \cdot 6 = 24 \text{ cm}.$$

[1]) Vgl. David: Beitrag zur Kenntnis der Bedeutung von hochwertigem Zement im Zentralblatt der Bauverwaltung S. 289 (Fußnote 2).

Die größte Querkraft entsteht, wenn die Reparaturlast unmittelbar am Auflager steht; dann ist

$$\max Q = \frac{1}{2} \cdot Q_g + 100 = \frac{1}{2} \cdot 220 + 100 = 210 \text{ kg},$$

$$\tau = \frac{210}{24\,(8 - 1{,}45 - 0{,}81)} = \frac{210}{138} = 1{,}5 \text{ kg/cm}^2 \text{ [1]}.$$

Dieser Wert erscheint bei gut hergestelltem Bimsbeton als zulässig. Genauere Versuche über die zulässige Schubbeanspruchung wären jedoch vonnöten. Am besten solche mit Balken mit und ohne Schubbewehrung und mit größerem und kleinerem Zusatz von gewöhnlichem Kiessand etwa wie nach dem Vorschlage S. 11.

d) Anwendungen und praktische Ausführungen.

Damit der entwerfende Baukünstler, der Bimsbetonplatten zur Eindeckung verwenden will, gleich sieht, wie der Entwurf zweckmäßigerweise von vornherein der Dachdeckung anzupassen ist, so soll nachstehend gezeigt werden, wie die konstruktive Durchbildung einzelner besonderer Dachpunkte möglich ist.

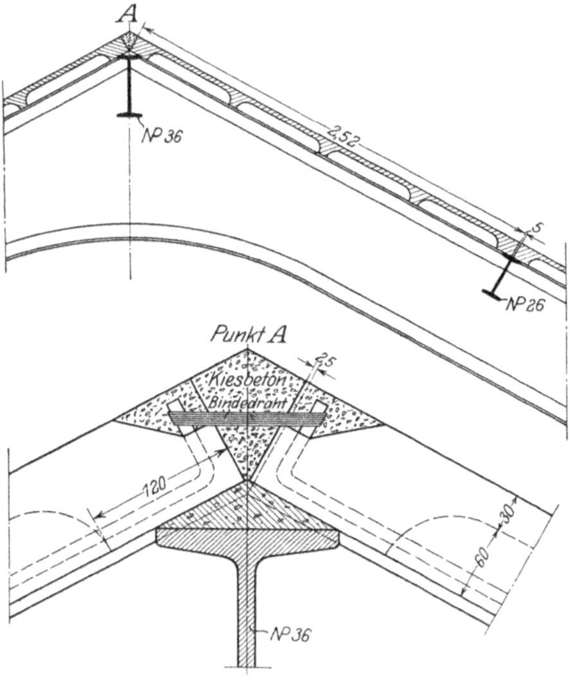

Abb. 10. Schwebebahnhof Elberfeld „Döppersberger Brücke". Plattenstoß am First (Remy).

Außerordentlich einfach ist die Lösung des Firstpunktes. Abb. 10 zeigt den Firstpunkt vom Schwebebahnhof Elberfeld („Döppersberger Brücke"). Hier wird einfach Bindedraht zur Kupplung der umgehakten Bewehrungseisen verwendet und der restliche Zwickel bei der Aufstellung mit Kies-

[1]) Auch hier kann durch die praktisch zulässige Voraussetzung einer Lastverteilung auf etwa 40 × 40 cm am Auflager eine kleine Ersparnis gemacht werden, die um so größer ist, je kleiner die Spannweite.

Beton vergossen. — Abb. 7 gab einen Plattenstoß über der Pfette mit Hilfe einer Doppelklemmschraube. Abb. 11 gibt eine einfachere Lösung, die, als reines Befestigungsmittel genommen, vollkommen zureicht und wie sie ebenfalls beim Schwebebahnhof verwendet wurde. Unerläßlich ist auch hier sorgfältige Arbeit geschulter Arbeitskräfte.

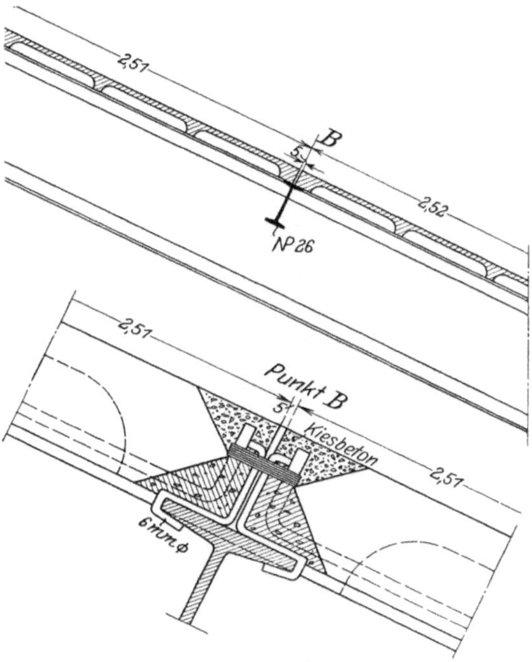

Abb. 11. Schwebebahnhof Elberfeld „Döppersberger Brücke“. Plattenstoß über Mittelpfetten (Remy).

Einfach gestaltet sich auch die Ausbildung der Traufpunkte, und zwar gibt Abb. 12 die Lösung bei Verwendung einer Metalltraufe, Abb. 13 dagegen eine Konstruktion ganz in Bimsbeton, Abb. 14 zeigt eine Art der Ausführung bei steilem Dachanfall (Luftschiffhalle Ahlhorn) und Abb. 15 einen Traufpunkt des angegebenen Schwebebahnhofes. Hier sind die Dachrinnenhalter aus Flacheisen einfach am Ende geschlitzt, umgebogen und in die Bimsplatten eingedübelt. Für nicht allzu große Rinnen ist dies Verfahren ausreichend.

Anfallpunkte an Oberlicht bzw. Lüftung zeigen Abb. 16 (Luftschiffhalle Ahlhorn) und Abb. 17 (Straßburger Güterbahnhof).

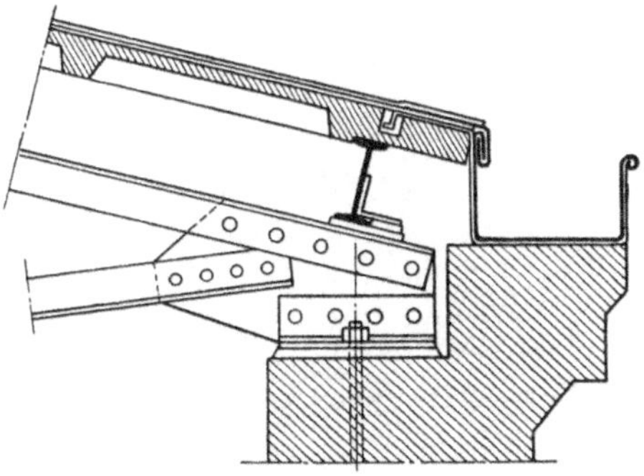

Abb. 12. Anschluß der Traufplatte an eine Kastenrinne aus Blech.

Auch die Kehlrinnen lassen sich ziemlich bequem und billig einbauen, weil sich die Rinnenhalter leicht in die Platten einsetzen lassen, wie z. B. in Abb. 18, die ebenfalls vom letztgenannten Bauwerk stammt. Eine bemerkenswerte Kehlrinnenanordnung zeigt Abb. 19, wo die Lösung durch Einsatz einer Bodenbimsplatte mit Gehrungsflächen bewirkt ist, und Abb. 20, die eine

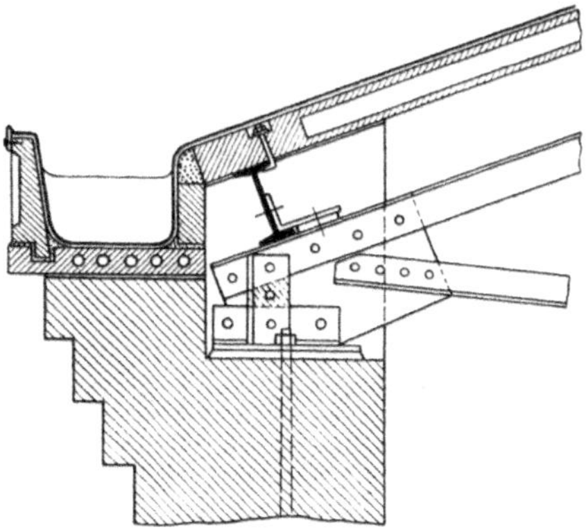

Abb. 13. Kastenrinne aus Bimsplattenteilen nebst Anschluß der Traufplatte.

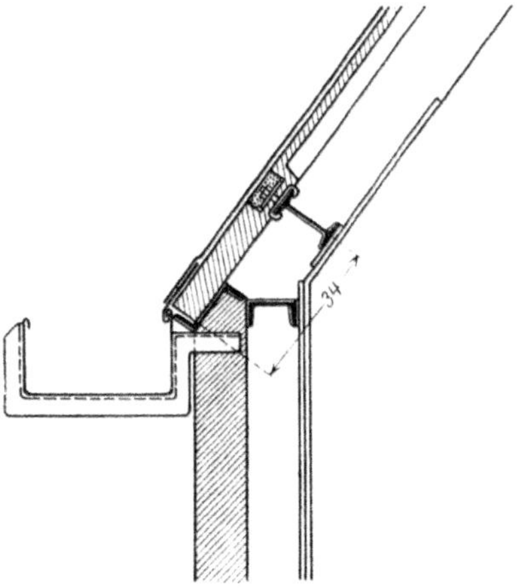

Abb. 14. Luftschiffhalle Ahlhorn. Traufplatte (Remy).

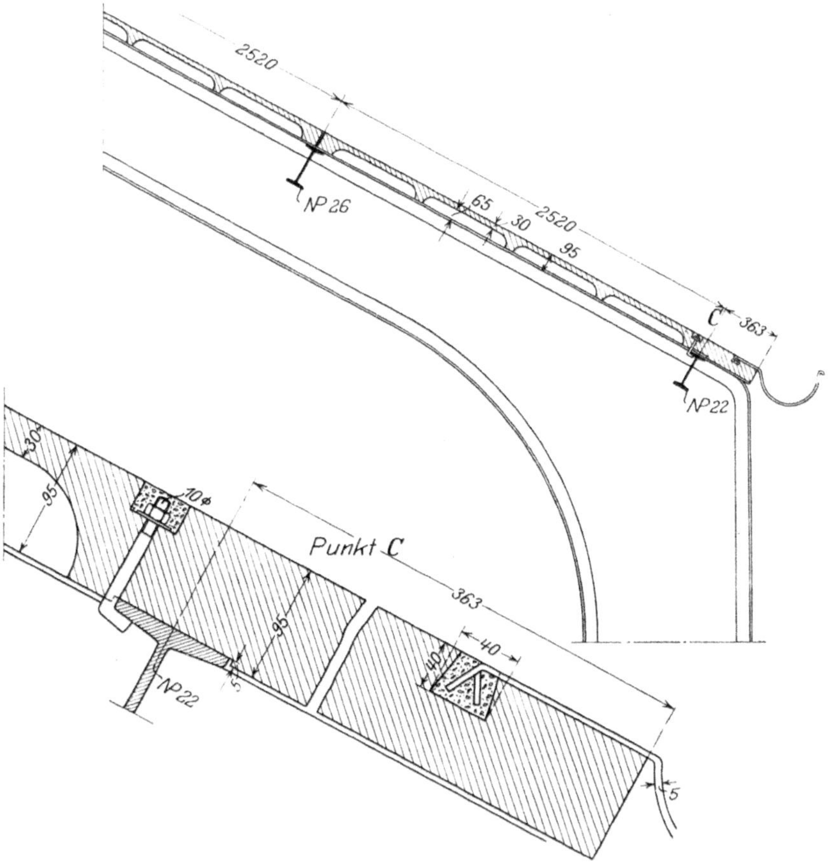

Abb. 15. Schwebebahnhof Elberfeld „Döppersberger Brücke“. Traufplattenausbildung (Remy).

Lösung mit Metalltraufe zeigt. In Abb. 20 erscheint indessen die Rinne mit etwa 20 cm ∅ **reichlich klein** angesichts der großen und steilen Dachflächen, ebenso auch wie die Rinne in Abb. 15. Beide Punkte stammen vom Bahnhof Frankfurt a. M.-Ost.

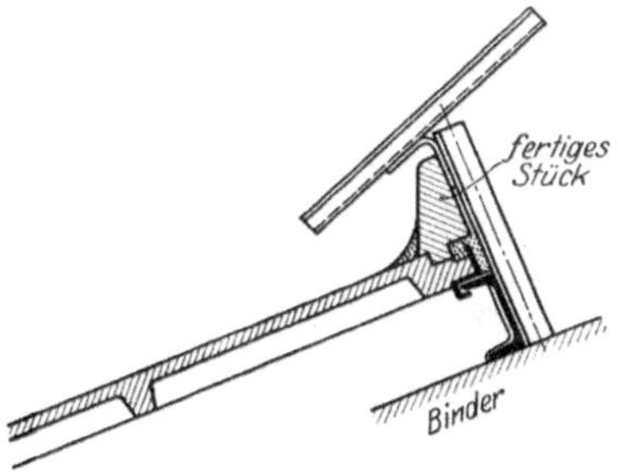

Abb. 16. Luftschiffhalle Ahlhorn. Plattenabschluß am Oberlicht (Remy).

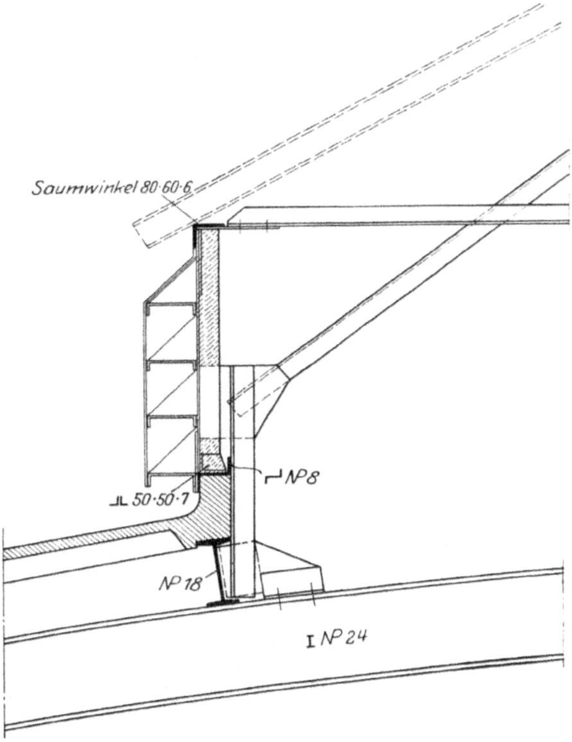

Abb. 17. Ortsgüterbahnhof Straßburg i. E. Plattenausbildung an der „Lüftung" (Remy).

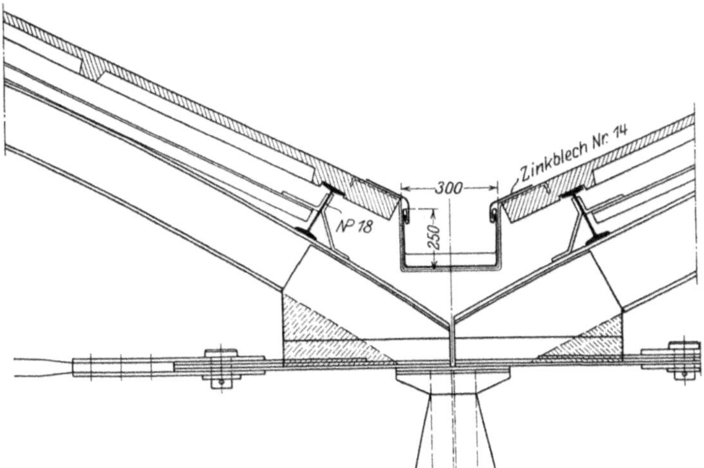

Abb. 18. Güterbahnhof Straßburg i. E. Traufausbildung der Kassettenplatten (Remy).

Ist die Dachfläche ohne Unterbrechung länger als 25 bis 35 m, dann empfiehlt es sich, Ausdehnungsfugen anzuordnen, um nicht Temperaturrissen ausgesetzt zu sein. Eine Ausführung einer solchen Ausdehnungs-

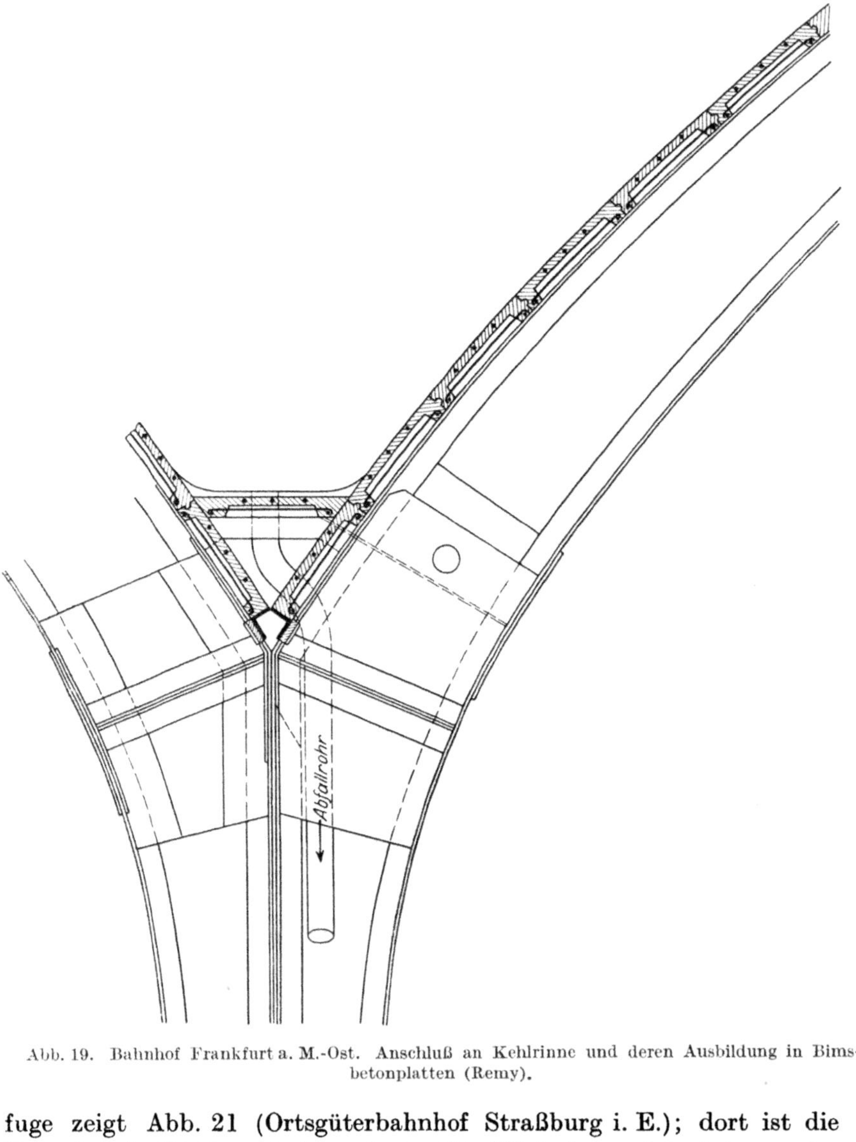

Abb. 19. Bahnhof Frankfurt a. M.-Ost. Anschluß an Kehlrinne und deren Ausbildung in Bimsbetonplatten (Remy).

fuge zeigt Abb. 21 (Ortsgüterbahnhof Straßburg i. E.); dort ist die Fuge in ein Pfettengelenk verlegt. Die Winkel *a* und *b* sind nur einseitig vernietet und können daher aufeinander leicht gleiten und die Temperaturbewegung mitmachen. Die Platten selbst sind durch ein gewölbtes Verwahrungsblech überdeckt, so daß die Platten sich ungehindert um etwa 2 bis 3 cm bewegen können.

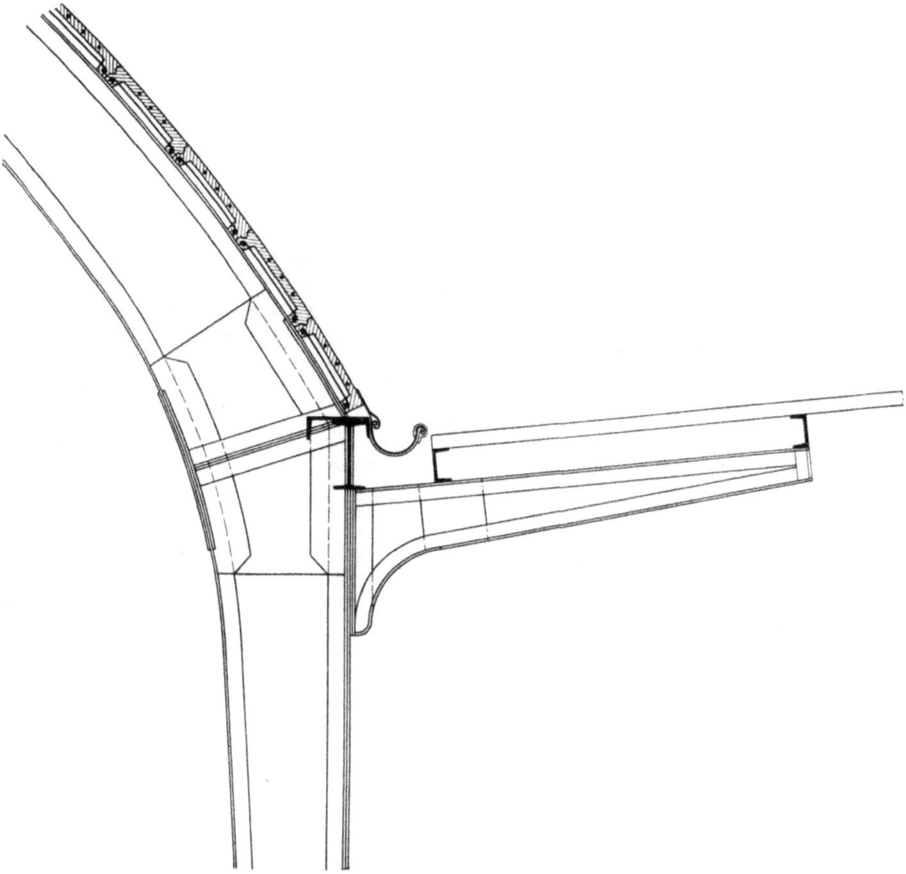

Abb. 20. Bahnhof Frankfurt a. M.-Ost. Traufpunktanschluß der Kassettenplatten (Remy).

Um die Wirkung der Platten im fertigen Bauwerk beurteilen zu können, seien noch folgende Darstellungen gebracht: Abb. 22 eine Bahnsteighalle vom Hauptbahnhof Essen und schließlich Abb. 23: Ortsgüterbahnhof Straßburg i. E. Leider Läßt dort das Gewirre der Zugstangen irgendeine ruhige, schönheitliche Wirkung der Kassettengliederung nicht aufkommen; man muß natürlich aus diesen Ausführungen herauszulesen suchen: welche Wirkung der Kasseteneindeckung erreichbar wäre, und nicht, welche Wirkung erzielt worden ist. Recht gut wirkt Abb. 24 (Bahnhof

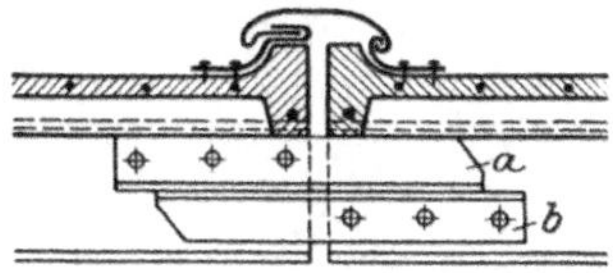

Abb. 21. Ortsgüterbahnhof Straßburg i. E. Ausdehnungsfuge.

Darmstadt). Bezüglich der Allgemeinwirkung seien übrigens noch die treffenden Worte Försters[1]) angeführt:

„Kassettenplatten sind, im allgemeinen ohne Mehraufwand an Kosten, besonders geeignet zur Erzielung architektonischer Wirkungen, und zwar in einem Maße, wie sie von keinem anderen Dachdeckungsmaterial mit so geringem Aufwand an Mitteln erzielt werden können. Durch diese Platten ist die Möglichkeit geboten, das Dach im Inneren gut konstruktiv, nach Belieben auch unter Hinzunahme von Farbe zudem farbig-dekorativ zu gestalten, wenn auch das feine Korn des Bimsbetons und seine Naturfarbe einen Farbanstrich entbehrlich erscheinen lassen.

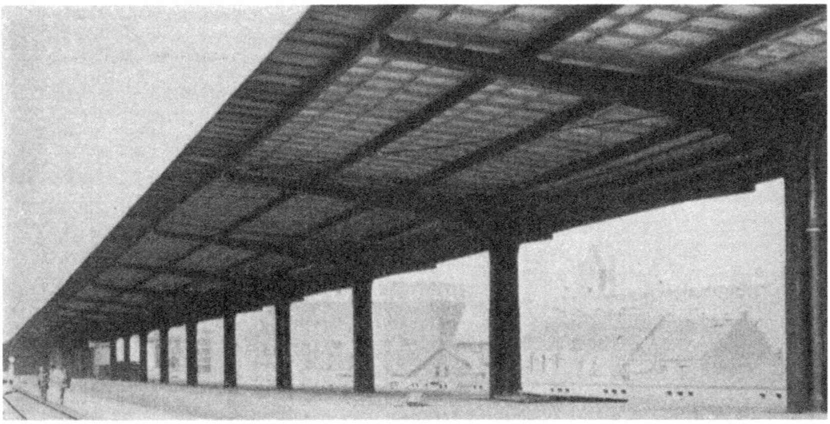

Abb. 22. Bahnsteighalle auf Hauptbahnhof Essen (Remy).

In jedem Falle gestatten die Kassettendecken, die Wirkung der an strenge Formen gebundenen, eisernen Tragkonstruktion zu heben und geben namentlich der Innenarchitektur ein neues, bedeutsames Ausdrucksmittel in die Hand. Deshalb sind diese Platten auch bei vielen neueren Hallenbauten und großzügigen Industriebauten mit Recht verwendet.“

e) Winke für die Anwendung.

Die Bimsbetonplatten kommen vorwiegend für hallenartige Bauwerke in Frage, wobei als Eindeckung Ruberoid, ferner einfache oder doppelte Pappe verwendet wird. Dabei ist selbstverständlich die Eindeckung erst nur dann aufzubringen, wenn die Bimsplatten gänzlich **trocken** sind[2]). Oft wird man dann die kräftigen Linien der Binder als

---

[1]) Förster: Eisenkonstruktionen. 5. Aufl. S. 1030. Leipzig: W. Engelmann.

[2]) Es ist nicht zu übersehen, daß die Bimsplatten manchmal während des Transports, während des Auf- und Abladens oder selbst beim Lagern auf der Baustelle nicht unerheblichem Feuchtigkeitszuwachs durch Regen ausgesetzt sind.

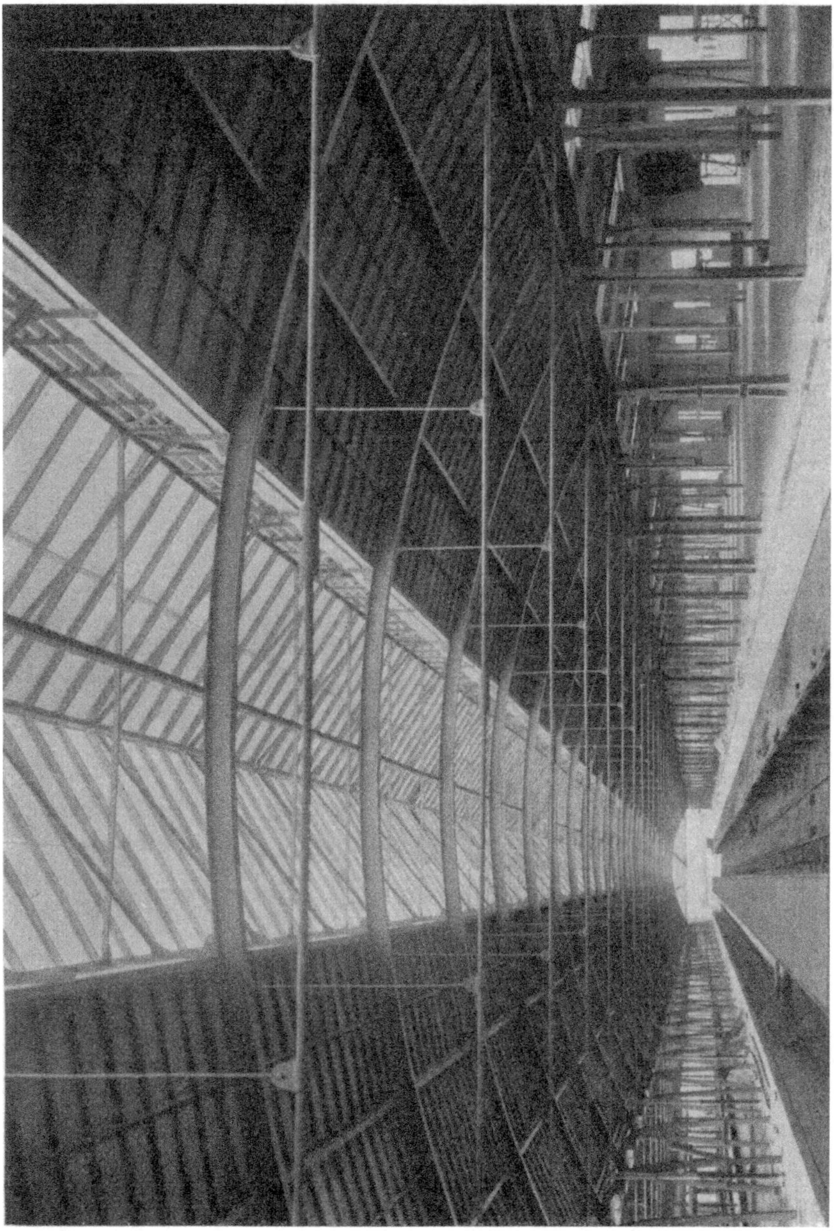

Abb. 23. Ortsgüterbahnhof Straßburg i. E. Die Zugstangen beeinträchtigen hier sehr die Raumwirkung und die Wirkung der Kassettenplatten.

hauptbetonte Linien wählen (seltener die meist schwächeren Pfettenlinien). Aus diesem Grunde wird der Baukünstler also schon beim Vorentwurf bestrebt sein, den Binderabstand rein aus schönheitlichen Rücksichten so zu beeinflussen, daß der gegebene Raum eine bestimmte, gewollte Linienunterteilung erfährt. Dies wird wohl nicht immer mit

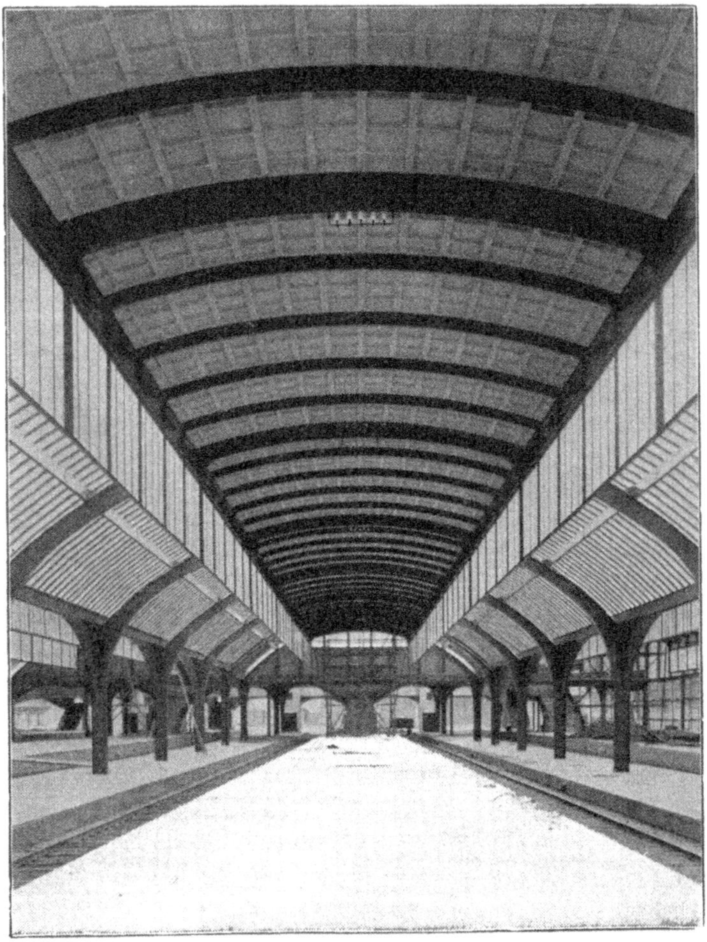

Abb. 24. Bahnhof Darmstadt (Remy).

dem statisch günstigsten Binderabstand übereinstimmen, jedoch läßt sich ganz gewiß durch Zusammenarbeit von Ingenieur und Architekt meist auch das Schönheitliche mit dem Wirtschaftlichen paaren. Nur ist nicht zu vergessen, daß bei diesen Festlegungen des Binderabstandes sogleich mit Rücksicht auf die Eindeckung mit Kassettenplatten genommen wird. Es gibt zwei Möglichkeiten, nämlich einmal die Richtung der Kassettenlängsrippen parallel der Pfettenrichtung, zweitens parallel der Binderrichtung. Der letztgenannte Fall dürfte der häufigere sein. Entschließt man sich aber zu dieser Anordnung, dann darf der Pfettenabstand höchstens etwa 2,5 bis 3 m sein, weil sonst die Kassettenplatten allzu schwer ausfallen. Auch soll der Binderabstand mindestens so groß genommen werden, daß sich ein Kleinstpfettenprofil von I.N.P. 16 bis 18 zweckmäßigerweise mindestens ergibt, damit die Bimsplatten ein genügendes Auflager finden. Für den ersten Fall dagegen verfährt man oft so, daß man einige Pfettenunterzüge legt, z. B. einen in den First und je einen in die Trauflinie; sodann legt man auf diese (und zwar parallel den Bindern) die Träger zur Aufnahme für die Kassettenplatten. Es entstehen auf diese Weise dann allerdings in den ziemlich massiv ausfallenden Pfettenunterzügen unter Umständen sehr kräftig betonte Längslinien.

Für den die Tragkonstruktion berechnenden Ingenieur können die eingangs gegebenen Gewichtstabellen als guter Anhalt dienen, wobei für die Abdeckung 12 bis 24 kg/m zuzuschlagen sind. Man vermeide es, bei der Eisenkonstruktion bis hart an die zulässige Beanspruchung heranzugehen, weil die in den erwähnten Tabellen gegebenen Bimsplattengewichte ab und zu überschritten werden können. Allerdings wiegen dagegen wiederum die kleineren Spannweiten auch oft weniger, wie die Erfahrung gezeigt hat.

Der Bimsbeton selbst ist nicht wasserdicht, daher wird mit einer doppelten Pappschicht oder Ruberoid (24 bzw. 12 kg/m^2) zu rechnen sein, wenn nicht eine andere Dichtungsmasse vorgesehen wird.

Für die Auswahl der Plattenart kommen vorwiegend die gewöhnlichen Kassettenplatten und dann die Stegkassettenplatten in Frage. Wie auf S. 9 bereits erwähnt, ist darauf gut zu achten, daß kräftige, mindestens 3 cm dicke Kassettenspiegel verwendet werden, die selbst genügend dicht (im Abstand von 10 bis 12 cm) mit 5 mm-Drähten bewehrt sind, weil sonst die Gefahr besteht, daß lastentragende Arbeiter mit dem Fuß durchtreten. Die Bauleitung wird gut tun, Anweisungen zu geben, daß unter keinen Umständen schwere Kisten (Glas) gekantet werden. Die Stegplatten werden wegen ihrer glatten Untersicht meist mehr nur für reine Nutzbauten genommen. Für die Entscheidung bei der Wahl der Kassettenart ist zu beachten, daß die Stegkassettenplatten zwar rd. 10% schwerer sind als die gewöhnlichen Kassettenplatten, wodurch wiederum auch die Unterkonstruktion entsprechend mehr wiegt, daß aber die Wärmehaltung ungleich besser ist, ebenso auch die Widerstandskraft gegen Stoßbeanspruchung. Die Unterseiten werden nach Einschlämmen mit Zementmilch zwei- bis dreimal mit Kalkanstrich versehen und bieten dann eine vorzüglich reflektierende Decke.

II. Eindeckung mit Glasbeton.

a) Allgemeines über Glasflächen im Dach.

Sollte früher in einem Dachbau eine Oberlichtfläche geschaffen werden, so war der übliche Weg der, daß ein geneigtes Oberlicht mit gewöhnlichen Glasplatten nach Art der bekannten Kittverglasung in ⊥-Eisensprossen verlegt wurde. Damit bei Bruch die Glasstücke nicht Unheil anrichteten, hat man nun unter den Tafeln einfach ein weitmaschiges Drahtgitter angeordnet, eine Maßnahme, die durch das nunmehr zu Gebote stehende Drahtglas entbehrlich geworden ist, obgleich nicht übersehen werden darf, daß das Drahtglas eine Verringerung des Lichtdurchgangs von etwa 27% (dies bei einer Maschenweite von 7,5 mm im Quadrat und einer Drahtstärke von 1 mm) im Gefolge hat. Das Mißliche bei den eisernen Glasoberlichtern, sei es, daß sie nun in Kittsprossen oder in sog. kittlosen Sprossenprofilen verlegt sind, bleibt stets das Bedürfnis nach einer verdeckenden Staubdecke, sofern es sich nicht um reine Industriebauten handelt. Die konstruktiv kaum erreichbare bequeme und sichere Begehbarkeit der Staubdecke bringt es mit sich, daß Reinigungen und Revisionen nur schwierig durchführbar sind und daher mit einem nicht unerheblichen Verlust an Lichtdurchgang der mangelhaft gereinigten Scheiben wohl dauernd gerechnet werden muß.

Immerhin behaupten im Industriebau die eisernen Oberlichter noch immer ein gewisses Feld, weil sie den Vorteil des geringen Eigengewichtes und der schnellen Montage besitzen. Demgegenüber steht die leider fast geradezu unbekämpfbare Rostgefahr. Es ist deshalb ein erklecklicher Posten für Revision und Haltung in bestem Anstrich bei der Kalkulation in Ansatz zu bringen. Bei größeren, begehbaren Eisenoberlichtern ist für eine gefahrlose Betretbarkeit Sorge zu tragen. Über die mindesten Anforderungen in dieser Hinsicht ist vom Verfasser[1]) eine ausführliche Untersuchung für eiserne Sprossenprofile angestellt worden, aus der erkennbar ist, daß ein Betreten der eisernen Oberlichter recht häufig nicht ohne Gefahr erfolgt und daß überdies die manchmal vorschriftswidrige statische Berechnung der Sprosseneisen zum Betreten oft die Verwendung einer kräftigen Verteilungsbohle von vornherein zur Voraussetzung macht.

Vor ungefähr 2 Jahrzehnten tauchten nun Oberlichtbauweisen auf,

---

[1]) In der „Bautechnik“ 1925, Heft 18, S. 242,

die keinen blanken Eisenteil mehr aufweisen, nämlich Prismengläser zwischen Eisenbetonrippen. Abgesehen davon, daß also dabei eine Rostgefahr in demselben Grade wie im reinen Eisenbetonbau ausgeschaltet ist, wird durch Anwendung lichtbrechender und lichtzerstreuender Prismengläser eine gleichmäßige Belichtung erzielt, die ein Mehrfaches derjenigen bei Verwendung von gewöhnlichem Fensterglas beträgt (was sich an Tagen mit trüber Witterung und bei tiefen Räumen besonders bemerkbar macht). Bemerkenswert gerade für diesen Punkt ist der unter Abschnitt 5, S. 43 gebrachte Versuch des physikalischen Staatslaboratoriums in Hamburg. Vorerst soll jedoch hier das Ergebnis einer großen amerikanischen Versuchsreihe[1]) mit über 20 verschiedenen Glasarten kurz angeführt werden; es ist eigentlich verwunderlich, daß diese wertvollen Ergebnisse nicht in unseren deutschen Taschenbüchern zu finden sind. Es ergab sich:

„1. Durch Verwendung von geriffeltem Glas in den oberen Fensterrahmen statt glatten Glasscheiben kann das Licht in einem Zimmer von 10 m und noch größerer Tiefe auf das 3- bis 15fache jener Intensität vermehrt werden, die bei gewöhnlichem glatten Glas vorhanden ist.

2. Werden dagegen Prismen verwendet, so sind Lichtintensitätssteigerungen bis zu 50fach gemessen worden.

Anmerkung des Verfassers: Dies ist natürlich nur die oberste Grenze; ein wesentlich vollkommeneres Bild ergibt der oben erwähnte Hamburger Versuch S. 43, weil dort die Meßstellen an vielen und verschieden gelegenen Flächen — sowohl wagerechten wie lotrechten — mit ihren Lichtintensitäten angegeben sind.

3. Der größte Lichtgewinn wird durch Riffelglas und Prismenglas dann erzielt, wenn der Einfallwinkel groß ist, wie dies z. B. bei Fenstern der Fall ist, die auf Lichtschächte oder enge Gänge hinausgehen. (Einfallwinkel hier gleich dem Winkel des Lichtstrahls mit dem Lot auf die Fensterfläche, vgl. S. 41 in Abb. 38 der $\sphericalangle \alpha$. Man unterscheide wohl vom Einfallwinkel den Zenitwinkel, vgl. hierzu die Winkel α_1, α_2, α_3 in Abb. 42.)

4. Die Lichtzunahme unmittelbar gegenüber dem Fenster bei dem das Glattglas durch Riffelglas oder Prismen ersetzt wurde, ist zeitweilig derart, daß ein Pult oder Tisch in 15 m Abstand (vom Fenster) besser belichtet ist als in 6 m Abstand bei Verwendung von gewöhnlichem glatten Glas."

b) Der Baustoff.

Wie bereits erwähnt, nimmt ein Eisenbetongitterrahmen als Tragkörper die Glasprismen von 10×10 bis 17×17 cm Größe auf. Einige

[1]) Versuche von Ch. L. Norton am Technologischen Institut in Massachusetts auszugsweise in Kidder Architects and Builders Handbook. New York: John Wiley and Sons.

gebräuchliche Prismentypen[1]) zeigt die Abb. 25a bis g. Sie sind nach dem Preßglasverfahren hergestellt, wobei auf höchste Durchsichtigkeit Wert zu legen ist. Von größter Wichtigkeit ist es dabei, die etwa bei 400^{0} erstarrende Glasmasse sorgfältig einem Kühlprozeß zu unterziehen, um nach Möglichkeit die entstehenden inneren Spannungen zu verhindern. Da aber hierbei trotzdem in manchen Prismenstücken bedeutende innere Spannungen ab und zu vorhanden sind, so werden nachher mit Hilfe eines Polarisationsapparates jene allzu hoch gespannten Gläser festgestellt, um dann ausgeschieden zu werden. Die Herstellung eines Glasflusses für gute Prismen ist nicht einfach; nicht nur wegen der erforderlichen Kristallklarheit, sondern auch wegen der unbedingt erforderlichen Zähigkeit und Elastizität. Von allen Glassorten sind am wenigstens spröde die Borosilikate, die zugleich auch sehr hart sind. Der Hochglanz wird durch einen Zusatz von kohlensaurem Baryt, $BaCO_3$, erreicht, der den Glasfluß gleichzeitig auch geschmeidiger macht.

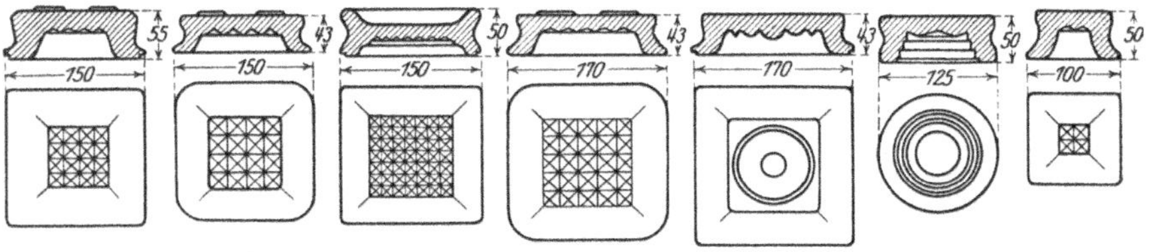

a b c d e f g

Abb. 25a—g. Gebräuchliche Prismenformen (Luxfer)

Zum Schluß interessieren noch einige allgemeine Eigenschaften der Prismengläser:

Spezifisches Gewicht	etwa	2,6,	
Zugfestigkeit	„	25,0	kg/cm²,
Druckfestigkeit[2])	„	250	„ ,
Elastizitätsmodul		700000	„ .

Linearer Ausdehnungskoeffizient je m = rd. 0,7 mm (d. h. die Längenzunahme beträgt für 1 m Länge und die Temperaturzunahme um 100^{0} 0,7 mm).

Zum Vergleich: Eisen und Stahl 1,1 mm, Beton 1 mm:

Lichtdurchlässigkeit	90%
Brechungsindex	$n = 1{,}5$[3])

[1]) Von der Deutschen Luxfer Prismengesellschaft Berlin-Weißensee, von der auch die Ausführungsbeispiele stammen, zur Verfügung gestellt.

[2]) Verläßlichere Ergebnisse sind leider nicht erlangbar gewesen; man findet darüber Angaben, die auf das Zehnfache (und noch Mehrfache) hinkommen.

[3]) Unter dem Brechungsindex n versteht man den Quotienten aus dem Sinus des Einfallwinkels zum Sinus des Brechungswinkels $n = \frac{\sin \alpha}{\sin \beta}$ (vgl. Abb. 38—41).

Die Wärmeleitfähigkeit je 1 cm Dicke beträgt 0,0017 Grammkalorien in einer Sekunde für eine Fläche von 1 cm^2; das Glas liegt in dieser Hinsicht also etwa zwischen Beton und Ziegelmauerwerk.

Freilich gilt diese angegebene Wärmeleitfähigkeit nur für eine ebene Glasplatte. Einige kleine Abweichungen sind dann bei den gerillten Prismengläsern zu erwarten.

Im übrigen sind vorstehende Zahlen als recht abgerundet anzusehen und sollen dem entwerfenden Ingenieur oder Architekten nur ein grob umrissenes Bild von den physikalischen Eigenschaften geben.

c) Versuchsergebnisse.

1. Über Festigkeitsversuche auf reinen Druck oder Zug.

Leider sind verläßliche Versuchsergebnisse über reine Druck- oder Zugbeanspruchung vom Verfasser auch hier nicht zu erlangen gewesen. Die rein physikalischen Versuche über die Zerdrückbarkeit von 1 cm-Würfel geben für den Ingenieur und Architekten ein schiefes Bild, weil man in der Bautechnik immerhin gewöhnt ist, die Festigkeit von größeren Würfeln zu beurteilen. Auf der anderen Seite hat man öfters jedoch vergeblich versucht, einen größeren Würfel von 10 bis 20 cm Seitenlänge zu Versuchszwecken zu gießen; es gelang aber nicht, die Würfelform mit reiner Parallelität herzustellen, weil sich die Glasmasse beim Erstarren verzieht. Durch Anschleifen ließe sich zwar ohne weiteres eine genaue Würfelform herstellen, jedoch sind die Festigkeitsergebnisse dann wiederum unrichtig, weil der Anschliff eine nicht unerhebliche Festigkeitsverminderung im Gefolge hat. Überdies gilt es zudem gar nicht, die Festigkeit von geschliffenen Körpern, sondern von gegossenen festzustellen.

Indessen sind die reinen Druck- und Zugversuche nicht durchaus erforderlich, um die Festigkeit des Verbundbaukörpers ,,Glas — Beton — Eisen" zu beurteilen. Wertvoller für die Erkenntnis der Tragfähigkeit sind naturgemäß die Versuche auf Biegung mit ganzen Glaseisenbetonplatten, und zwar Versuche bis zum Bruch.

2. Versuche auf Biegungsfestigkeit.

Versuche im Staatlichen Materialprüfungsamt Dahlem 1914.

Die Versuchsstücke waren Luxferplatten nach Art der Abb. 26 und 26a, b und c; Einzelheiten sind aus Abb. 26 zu erkennen. Die Stützung erfolgte nicht allseitig, sondern als einfacher Balken auf 2 Stützen.

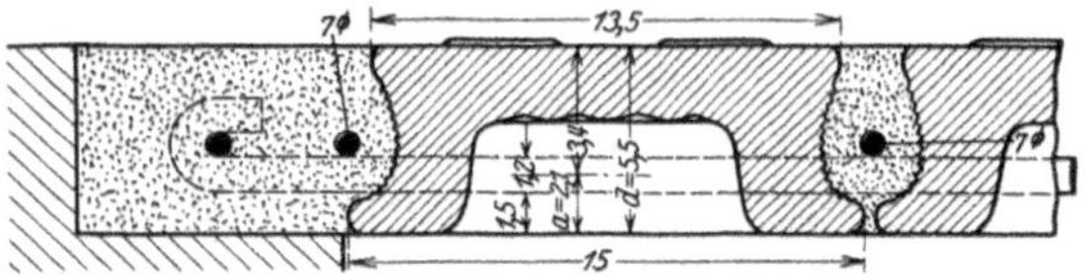

Abb. 26.

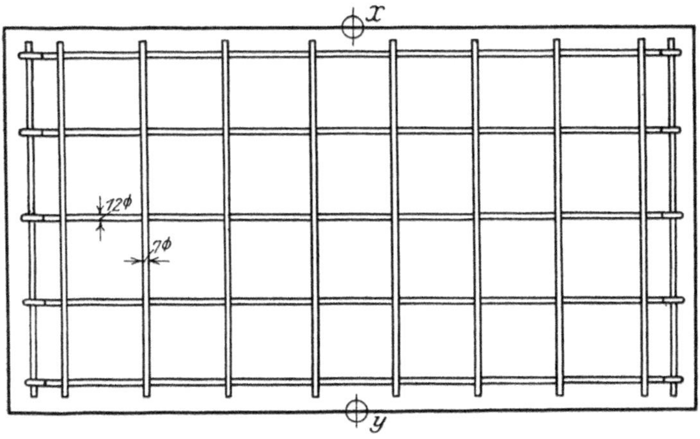

Gruppe C

Abb. 26a.

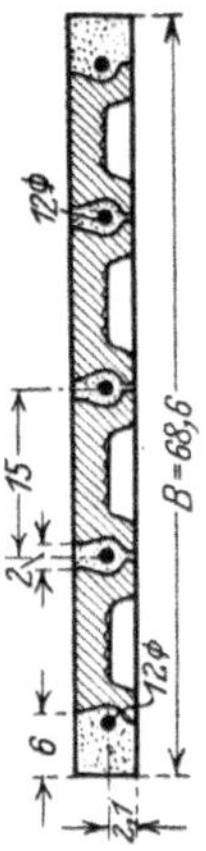

Abb. 26b.

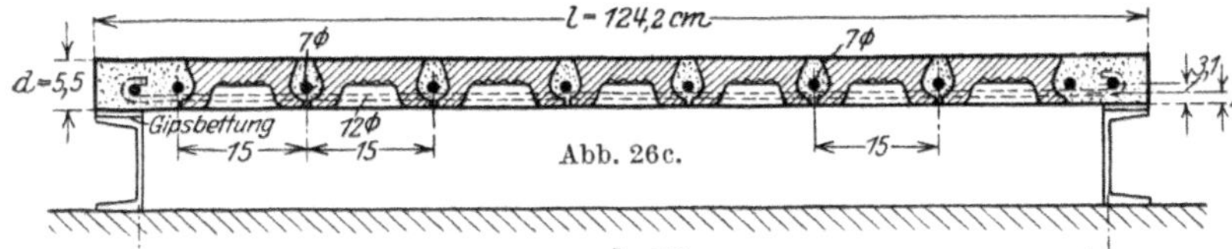

Abb. 26c.

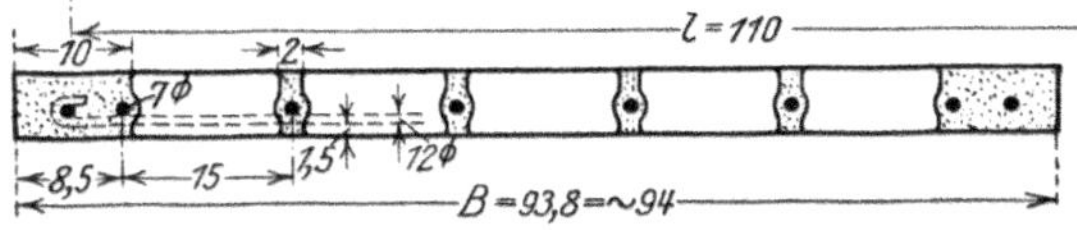

Abb. 26d.

Ergebnisse bei gleichmäßig verteilter Nutzlast.

Zusammenstellung.

Probe A.

Länge = 124,2 cm, Breite = 83,8 cm, Dicke = 4,3 cm, Stützweite = 110 cm, belastete Fläche innerhalb der Stützweite = 0,92 m² (2 Versuchsstücke),

$$\text{Bruchlast} = 3290 \text{ kg (beider Versuchsstücke)}$$

$$\text{und je } m^2 = \frac{3290}{0{,}92} = 3560 \text{ kg/m}^2.$$

Probe B.

Länge = 130 cm, Breite = 69 cm, Dicke = 5 cm, Stützweite = 110 cm, belastete Fläche innerhalb der Stützweite = 0,76 m² (3 Versuchsstücke),

$$\text{Bruchlast } \frac{5000 + 6250 + 5840}{3} = 5700 \text{ kg}$$

als arithmetisches Mittel aus den 3 Versuchsstücken,

$$\text{somit je m}^2 = \frac{5700}{0,76} = 7500 \text{ kg/m}^2.$$

Probe C.

Länge = 124,2 cm, Breite = 68,6 cm, Dicke = 5,5 cm, Stützweite = 110 cm, belastete Fläche = 0,75 m² (2 Versuchsstücke),

$$\text{Bruchlast } = \frac{4720 + 6220}{2} = 5470 \text{ kg}$$

$$\text{und je m}^2 = \frac{5470}{0,75} = 7300 \text{ kg/m}^2.$$

Probe D.

Länge = 139,4 cm, Breite = 68,6 cm, Dicke = 5,5 cm, Stützweite = 120 cm, belastete Fläche innerhalb der Stützweite = 0,82 m² (2 Versuchsstücke)

$$\text{Bruchlast } = \frac{5140 + 5960}{2} = 5550 \text{ kg}$$

$$\text{und je m}^2 = \frac{5550}{0,82} = 6800 \text{ kg/m}^2.$$

Probe E.

Länge = 132 cm, Breite 71 cm, Dicke = 6,5 cm, Stützweite = 120 cm, belastete Fläche innerhalb der Stützweite = 0,86 m² (3 Versuchsstücke),

$$\text{Bruchlast } = \frac{7310 + 7940 + 8600}{3} = 7950 \text{ kg}$$

$$\text{und je m}^2 = \frac{7950}{0,86} = 9244 \text{ kg/m}^2.$$

Von den vorstehenden Versuchen, die nur in ihren Hauptergebnissen angeführt worden sind, soll Probe C genauer betrachtet werden, nämlich in Gegenüberstellung mit den Ergebnissen eines späteren Versuches (August 1914), bei dem ein fast genau ebenso bemessener Gitterrahmen, jedoch ohne Glasfliesen untersucht worden ist; für diese Gegenüberstellung der Tragfähigkeiten sei vorausgeschickt, daß 1 Hauptmaß beim fliesenlosen Rahmen abwich, nämlich die Plattenrahmenbreite $B = 93,8$ cm Abb. 26d (statt 68,6 cm Abb. 26b). Bei beiden betrug die Überdeckung der 12 mm-Hauptbewehreisen 1,5 cm, die Überdeckung des 7 mm-Querbewehreisens 2,7 cm, somit die Randabstände $a = 2,1$ bzw. 3,1 cm. Auch sonst stimmten sie in den übrigen

Abmessungen überein, mit Ausnahme, wie erwähnt, eben der Plattenrahmenbreite

Die Bruchlasten betrugen beim fliesenlosen Gitterrahmen:

$$\frac{4460 + 4710}{2} = 4585 \text{ kg}$$

als Mittel aus 2 Versuchen.

Dies macht auf den lfd. cm Breite:

$$\frac{4585}{93,8} = 49 \text{ kg}$$

und **mit** Fliesen

$$\frac{5470}{68,6} = 80 \text{ kg}.$$

Das Fehlen der Fliesen hat somit die Bruchlast der Fliesenplatten nur um den verhältnismäßig geringen Betrag von:

$$\frac{(80 - 49)\,100}{80} = \frac{3100}{80} = 39\,\%$$

abgemindert, oder das Hinzufügen von Fliesen hat die Bruchlast des Eisenbetongerippes um

$$\frac{(80 - 49)\,100}{49} = 63\,\% \text{ erhöht.}$$

In den Versuchsergebnissen ist leider nicht angegeben worden, ob der Bruch durch Riß der Eisen oder durch Zerstörung der Druckzone erfolgt ist. Wir wollen jedoch später dieser Frage auf rechnerischem Wege nähertreten. Inzwischen soll auf ein immerhin zunächst eigentümlich erscheinendes Ergebnis dieser Belastungsversuche hingewiesen werden.

Die Druckbreite des Betonrahmes mit Fliesen verhält sich zu derjenigen ohne Fliesen nach S. 30 und 29 wie 69 : 28, das ist rd. wie 2,5 : 1, dagegen verhielten sich die Bruchlasten wie 1,63 : 1 (s. oben) (nur 63% erhöhte Tragfähigkeit gegenüber vorher 150% erhöhter Tragfähigkeit). Diese Unstimmigkeit ist ohne weiteres nicht erklärbar. Sie könnte zunächst zu folgenden Vermutungen Anlaß geben:

1. Obwohl nach dem Versuchsbericht die zerstörten Glasfliesen immer noch am Beton festhafteten und somit offenbar mittrugen, ist die in Rechnung gestellte Druckplatte vielleicht nicht auf der ganzen Breite voll mitwirkend (wie wenn z. B. etwa bei einem Plattenbalken die Plattenbreite zu groß in die Rechnung eingesetzt würde), ein Umstand, der auf den Verbund „Glas-Beton" zurückgeführt werden könnte.

2. Die Glasfestigkeit ist vielleicht stellenweise gering im Verhältnis zur Betonfestigkeit.

Wie mit den folgenden überschläglichen Rechnungen gezeigt wird, sind die beiden Platten (die fliesenlose und diejenige mit Fliesen) in diesem Falle eigentlich auch überhaupt gar nicht recht vergleichbar, weil die Zerstörungsursachen als verschiedenartige erscheinen. Es ist nämlich offenkundig die Platte mit Fliesen durch Riß der Eisen zu Bruch gekommen (es ergab sich rechnerisch $\sigma_e = 4820$ bzw. 4680 kg/cm²), während bei der fliesenlosen Platte in der Überwindung der Betonfestigkeit ($\sigma_b = 700$ bzw. 740 kg/cm²) die Zerstörungsursache zu suchen wäre, worüber die nachfolgenden statischen Untersuchungen Auskunft geben. Hierbei sind die Versuchskörper als Balken auf 2 Stützen betrachtet worden; es ist jedoch nicht zu verkennen, daß infolge des zweifellos vorhandenen Mitwirkens der Verteilungseisen (Querrippen) ein **2-achsiger** Spannungszustand vorliegt, dessen Untersuchung nicht erfolgen kann, da Durchbiegungen in der Querrichtung leider nicht gemacht wurden.

A. Untersuchung des Rahmens ohne Glasfliesen (Abb. 26d). Stützung nur 2seitig als einfacher Balken.

Spannweite $l = 110$ cm, $B = 93{,}8$ cm.
Wirksame Breite $b = 4 \cdot 2{,}0 + 2 \cdot 10 = 28$ cm,
$d = 5{,}5$ cm (Abb. 26)
$a = 2{,}1$ cm,
$h = 3{,}4$ cm,
$f_e = 6 \varnothing 12 = 6{,}79$ cm².

1. Unter Annahme von $n = 15$:

$$x = \frac{15 \cdot 6{,}79}{28}\left(\sqrt{1 + \frac{2 \cdot 28 \cdot 3{,}4}{15 \cdot 6{,}79}} - 1\right) = 3{,}637 \cdot 0{,}694 = 2{,}52\ \text{cm}; \quad \frac{x}{3} = 0{,}84\ \text{cm},$$

$$z = h - \frac{x}{3} = 3{,}40 - 0{,}84 = 2{,}56\ \text{cm},$$

$$M = \frac{4585 \cdot 110}{8} = 63040\ \text{cmkg},$$

$$\sigma_e = \frac{M}{f_e \cdot z} = \frac{63040}{6{,}79 \cdot 2{,}56} = 3627\ \text{kg/cm}^2\,{}^{1)},$$

$$\sigma_e = \frac{2M}{b \cdot x \cdot z} = \frac{2 \cdot 630438}{28 \cdot 2{,}52 \cdot 2{,}56} = 700\ \text{kg/cm}^2.$$

2. Unter Annahme von $n = 10$:

$$x = \frac{10 \cdot 6{,}79}{28}\left(\sqrt{1 + \frac{2 \cdot 28 \cdot 3{,}4}{10 \cdot 6{,}79}} - 1\right) = 2{,}425 \cdot 0{,}951 = 2{,}31\ \text{cm}; \quad \frac{x}{3} = 0{,}77\ \text{cm},$$

$$z = 3{,}40 - 0{,}77 = 2{,}63\ \text{cm},$$

$$\sigma_e = \frac{63040}{6{,}79 \cdot 2{,}63} = 3530\ \text{kg/cm}^2,$$

$$\sigma_b = \frac{2 \cdot 63040}{28 \cdot 2{,}31 \cdot 2{,}63} = 740\ \text{kg/cm}^2.$$

---

[1]) Eisen mit solchen geringen Durchmessern reißen erst etwa bei 3800 bis 4100 kg/cm².

B. Untersuchung des Rahmens mit Fliesen (Abb. 26a, b und c).

Spannweite $l = 110$ cm, $B = 68{,}6$ cm,
Druckbreite $b = 68$ „
Plattenstärke $d = 5{,}5$ „
$h = 3{,}4$ „
$a = 2{,}1$ „
$f_e = 5 \varnothing 12 = 5{,}66 \text{ cm}^2$.

1. Unter Annahme von $n = \mathbf{15}$:

$$x = \frac{15 \cdot 5{,}66}{68}\left(\sqrt{1 + \frac{2 \cdot 68 \cdot 3{,}4}{15 \cdot 5{,}66}} - 1\right) = 1{,}249 \cdot 1{,}542 = 1{,}93 \text{ cm}; \; \frac{x}{3} = 0{,}64 \text{ cm},$$

$$z = 3{,}40 - 0{,}64 = 2{,}76 \text{ cm},$$

$$M = \frac{5470 \cdot 110}{8} = 75210 \text{ cmkg},$$

$$\sigma_e = \frac{75210}{5{,}66 \cdot 2{,}76} = 4820 \text{ kg/cm}^2,$$

$$\sigma_b = \frac{2 \cdot 75210}{68 \cdot 1{,}93 \cdot 2{,}76} = 426 \text{ kg/cm}^2.$$

2. Unter Annahme von $n = \mathbf{10}$:

$$x = \frac{10 \cdot 5{,}66}{68}\left(\sqrt{1 + \frac{2 \cdot 68 \cdot 3{,}4}{10 \cdot 5{,}66}} - 1\right) = 0{,}832 \cdot 2{,}029 = 1{,}69 \text{ cm}; \; \frac{x}{3} = 0{,}56 \text{ cm},$$

$$z = 3{,}40 - 0{,}56 = 2{,}84 \text{ cm},$$

$$\sigma_e = \frac{75210}{5{,}66 \cdot 2{,}84} = 4680 \text{ kg/cm}^2,$$

$$\sigma_b = \frac{2 \cdot 75210}{68 \cdot 1{,}69 \cdot 2{,}84} = 470 \text{ kg/cm}^2.$$

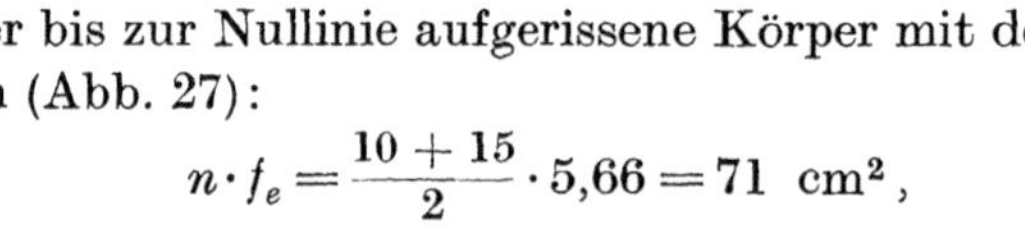

Abb. 27. Ideeller Rippenquerschnitt bei gerissener Zugzone und Ersatz des $n . f_e$ durch einen idealen Betonquerschnitt.

Näherungsweise Ermittelung des Elastizitätsmoduls der Platte mit Fliesen im Bruchstadium.

Es soll der bis zur Nullinie aufgerissene Körper mit den Eisen untersucht werden (Abb. 27):

$$n \cdot f_e = \frac{10 + 15}{2} \cdot 5{,}66 = 71 \text{ cm}^2,$$

$$x = \frac{1{,}93 + 1{,}69}{2} = 1{,}81 \text{ cm}$$

als Mittel zwischen dem mit $n = 10$ und $n = 15$ errechneten x; vgl. oben unter 1 und 2.

Breite der gedachten Ersatzrippe

$$b' = \frac{71}{5,50 - 1,81} = \frac{71}{3,69} = 19,4 \sim 20 \text{ cm}.$$

Schwerpunktabstand von Oberkante:

$$\xi = \frac{69 \cdot 1,81 \cdot \frac{1,81}{2} + 3,69 \cdot 20 \cdot \left(1,81 + \frac{3,69}{2}\right)}{69 \cdot 1,81 + 20 \cdot 3,69} = 1,91 \text{ cm},$$

$$J = \frac{1}{3} 49 \cdot [(1,81^3 - 0,1^3) - 20 \cdot 3,59^3] = 405 \text{ cm}^4,$$

$$E = \frac{5}{384} \frac{Q l^3}{J \delta} = \frac{5}{384} \cdot \frac{5470 \cdot 110^3}{405 \cdot 1,8} = \text{rd. } 130000 \text{ kg/cm}^2$$

(δ betrug kurz vor dem Bruch 1,8 mm),

$$n = \frac{2100000}{130000} = 16,3.$$

Es besteht insofern zwar eine Unstimmigkeit in dieser Näherungsrechnung als oben zur Flächenberechnung ein $n = \frac{10 + 15}{2} = 12,5$ eingesetzt wurde, dagegen sich als Endergebnis ein $n = 16,3$ ergab.

Setzt man indessen $n = 10$ oben bei der Berechnung des Trägheitsmomentes ein, dann ergibt sich ein endgültiges $n = 13,4$. Berechnet man den Elastizitätsmodul in dem Stadium, bei dem eben die ersten Risse entstanden, so ergibt sich E noch größer, wie aus folgendem hervorgeht, und damit n kleiner wie vorhin.

Bei $Q = 1470$ kg wurde eine Durchbiegung von $\frac{0,3 + 0,2}{2} = 0,25$ cm gemessen (nämlich als arithm. Mittel der Durchbiegungen von Punkt y und Punkt x, vgl. Abb. 26a).

Nachdem oben im eben gerissenen Stadium das Trägheitsmoment zu $J = 405$ cm^4 berechnet worden ist, so ergibt sich dementsprechend ein

$$E = \frac{5}{384} \cdot \frac{1470}{405} \cdot \frac{110^3}{0,25} = 252000 \text{ kg/cm}^2,$$

dann wird

$$n = \frac{2100000}{252000} = 8,3.$$

Es wäre schließlich noch wissenswert, wie sich n im sog. federnden Belastungsbereiche verhält. Leider sind aber in diesem Bereiche die Durchbiegungen vom Materialprüfer nicht gemessen worden. Man kann aber mit Sicherheit voraussagen, daß im nicht gerissenen Zustande J größer, δ verhältnismäßig ganz gewiß kleiner, somit E größer und schließlich n noch kleiner wie 8,3 werden wird, vielleicht $n_{\text{fed}} = 5,0$.

Es ist also naheliegend, etwa einen Wert

$$\boldsymbol{n} = \frac{5,0 + 16,3}{2} = \frac{21,3}{2} = \text{rd. } \mathbf{10,0}$$

den Berechnungen allgemein zugrunde zu legen.

Die Eisenbeanspruchung soll sehr niedrig gehalten werden, weil bei den relativ geringen Konstruktionshöhen eine kleine Verschiebung der Eisen in ihrer Lage einen großen Zuwachs der Eisenspannung zur Folge haben würde.

Für die Ausführungen nach Art der Abb. 28 ist von der Berliner Baupolizei folgendes in statischer Hinsicht festgelegt:

1. Die Stützweite soll nachstehende Werte nicht überschreiten:

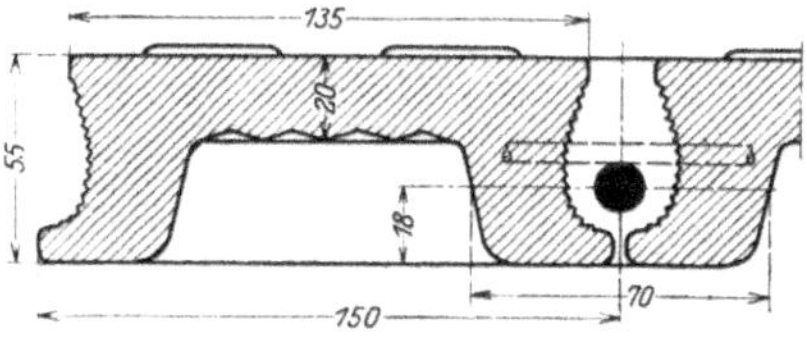

Abb. 28. Maße in cm.

Nutzlast kg/m²	Stützweite m
bis zu 200	1,20
„ „ 350	1,10
„ „ 500	1,00
„ „ 1000	0,80

2. Da die Versuche gezeigt haben, daß die Tragfähigkeit der Platten wesentlich mitbestimmt wird durch die Querrippen und deren in den Abschlußrahmen verankerte Eisenbewehrung, soll die Plattenbreite B quer zur Tragrichtung l bei Nutzlasten über 250 kg/m² nicht mehr als 2,50 m betragen. Die Enden der Querbewehrungseisen sind umzubiegen und in Betonstreifen ähnlich den Auflagerstreifen einzubetten (Betonrahmen).

3. Die Tragfähigkeit der Platten ist statisch nachzuweisen, im Anschluß an die Bestimmungen über Steineisendecken, wobei als Verhältnis der Elastizitätsziffern $n = 10$ gewählt werden muß. Als zulässige Grenze der Beanspruchungen wird für die Druckzone 40 kg/cm², für die Eiseneinlagen 600 kg/cm² festgesetzt.

4. Mit Rücksicht auf die Verkleidung durch den unteren Flansch der Prismengläser wird für die Eisen in den Tragrippen eine Betondeckung von 0,5 cm ausnahmsweise als ausreichend angesehen.

5. Der Beton zur Ausführung der Rippen und Abschlußrahmen muß in einem Mischungsverhältnis mindestens 1 : 3 mit der größten Sorgfalt hergestellt werden. Auf das Haften an den Prismen ist besonderer Wert zu legen.

6. Oberlichter von mehr als 1 m² Grundfläche in Stockwerkdecken sind durch Umwehrung abzuschließen, damit sie nicht im Falle eines darunter ausbrechenden Brandes durch Heißwerden und Entzünden leicht brennbarer Stoffe zur Ausbreitung des Feuers in höhere Stockwerke beitragen.

7. Die Verwendung der schwächeren sog. „Flach-Glaseisen-Betonplatten“ (22 mm dick) wird auf begehbare Oberlichte bis zu 30 cm Stützweite und 0,5 m² Größe beschränkt.

Eine in bezug auf Eigengewicht günstigere, neuerdings häufig angewendete Form ist die nach Abb. 29 [1]). Auch für diese Art sind von der Berliner Baupolizei statische Festlegungen erfolgt:

1. Die Stützweite soll nebenstehende Größtwerte nicht überschreiten:

Nutzlast in kg/m²	Stützweite in m
bis zu 125	1,8
„ „ 250	1,5
„ „ 350	1,2
„ „ 500	1,0
„ „ 800	0,8

2. Da die Versuche mit ähnlichen Platten gezeigt haben, daß die Tragfähigkeit wesentlich mitbestimmt wird durch Querrippen und deren in den Abschlußrahmen verankerte Eisenbewehrung, soll die Plattenbreite B quer zur Tragrichtung l bei Nutzlasten über 250 kg/m² nicht mehr als 2,50 m betragen. Die Enden der Querbewehrungseisen sind umzubiegen und in Betonstreifen, ähnlich den Auflagerstreifen, einzubetten (Betonrahmen).

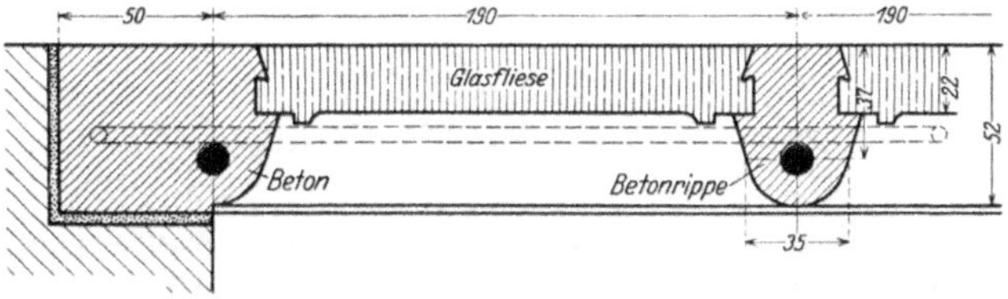

Abb. 29. Kombinierte Glaseisenbetonkonstruktion Luxfer.

3. Die Tragfähigkeit der Platten ist statisch nachzuweisen, im Anschluß an die Bestimmungen über Steineisendecken, wobei als Verhältnis der Elastizitätsziffern $n = 10$ gewählt werden muß. Als zulässige Grenze der Beanspruchungen wird für die Druckzone 40 kg/cm², für die Eiseneinlagen 750 kg/cm² festgesetzt.

4. Als Betondeckung für die Eiseneinlagen in den Tragrippen soll eine Stärke von 1 cm ausnahmsweise als ausreichend angesehen werden, obwohl die Vorschrift für Steineisendecken auf die Rippenform nicht ohne weiteres anwendbar sind.

5. und 6. wie vorige, 7. kommt hier in Fortfall.

Die auf S. 29 gebrachten Versuchsergebnisse sind recht günstig im Hinblick darauf, daß Probe A (kleinste Tragfähigkeit der Versuchsreihe) eine größte Last von 3560 kg/m² getragen hat und Probe E eine solche von 9250 kg/m², eine Bruchlast, die selbst auch ganz schweren Nutzlasten gewachsen gewesen wäre. Selbstverständlich ist hier nur von Lasten gleichmäßig verteilter Art die Rede. Inwieweit sich diese Bauweise auch bei Einzellasten widerstandsfähig erweist, müßte frei-

[1]) Sogenannte kombinierte Glaseisenbetonkonstruktion „Luxfer".

lich erst durch eingehende Versuche geklärt werden. Dann könnte man auch zugleich noch folgende brennende Fragen klären:

a) Die reine Glasdruckfestigkeit,

b) die Grenze der Mitwirkung der Plattenbreite,

c) die Wirksamkeit des Zwei-Verbundes: Glas und Beton durch Zug-, Druck-, Schub- und Biegungsversuche,

d) die Wirksamkeit des Drei-Verbundes: Beton-Glas-Eisen durch Biegungsversuche,

e) die Auswirkung der Verwendung von hochwertigem Stahl bzw. auch von hochwertigem Zement mit Splittsand.

3. Zwei Versuche mit Stoßbelastung.

Die Stoßbelastung wurde erzeugt durch Absturz eines 80 kg schweren Sandsackes aus 5 m Höhe. Der Absturz wurde derart bewerkstelligt, daß der Sack genau auf Plattenmitte fiel. Die Proben selbst lagen in Gipsbettung auf einem starren Rahmen aus eisernen I-Trägern.

Probe F.

Abmessungen 124 × 79 × 4,3 cm; Lichtweite des eisernen Rahmens = 110 × 80 cm.

Man kann schon mit Sicherheit und leicht voraussagen, daß die nur 43 mm dicke Platte im Hinblick auf ihre geringe Masse selbstverständlich erhebliche Zerstörungen erleiden mußte. Es waren auch demgemäß die Fliesen an einer Längsseite derart zersplittert, daß sie aus ihrer Betonbettung herausgefallen waren; der Betonrand war dort zerstört und die Eiseneinlagen waren stellenweise freigelegt. Die Unterseite der Betonhauptrippen an den Schmalseiten der Platte wiesen Risse in der Fortsetzung der Nebenrippen auf. Die Durchbiegung betrug 25 mm.

Probe G.

Abmessung 124,2 × 93,8 × 5,5 cm; Lichtweite des Rahmens = 110 × 80 cm.

Ergebnis: Die in der Diagonale der Platte liegenden Fliesen waren am stärksten zersplittert. Sämtliche Fliesen hafteten noch in ihren Bettungen. An der Oberseite war der Beton unverletzt, dagegen war der Beton wie bei F an den Unterseiten der Hauptrippen gerissen, und zwar in Richtung der Nebenrippen. Die Durchbiegung betrug 4 mm.

Das außerordentlich charakteristische Bruchbild für die allseitig gestützte Platte ist nebenstehend in Abb. 30 wiedergegeben.

Angesichts dieser bedeutenden Arbeit des Fallkörpers ist die Stoßprobe als gut erfüllt anzusehen. Es würde sich indessen verlohnen, einen künftigen Fallversuch, etwa von folgenden Überlegungen ausgehend, anzustellen.

Die beim Auftreffen des Sandsackes geleistete Arbeit beträgt:

$$G \cdot h = 80 \cdot 5 = 400 \text{ mkg}.$$

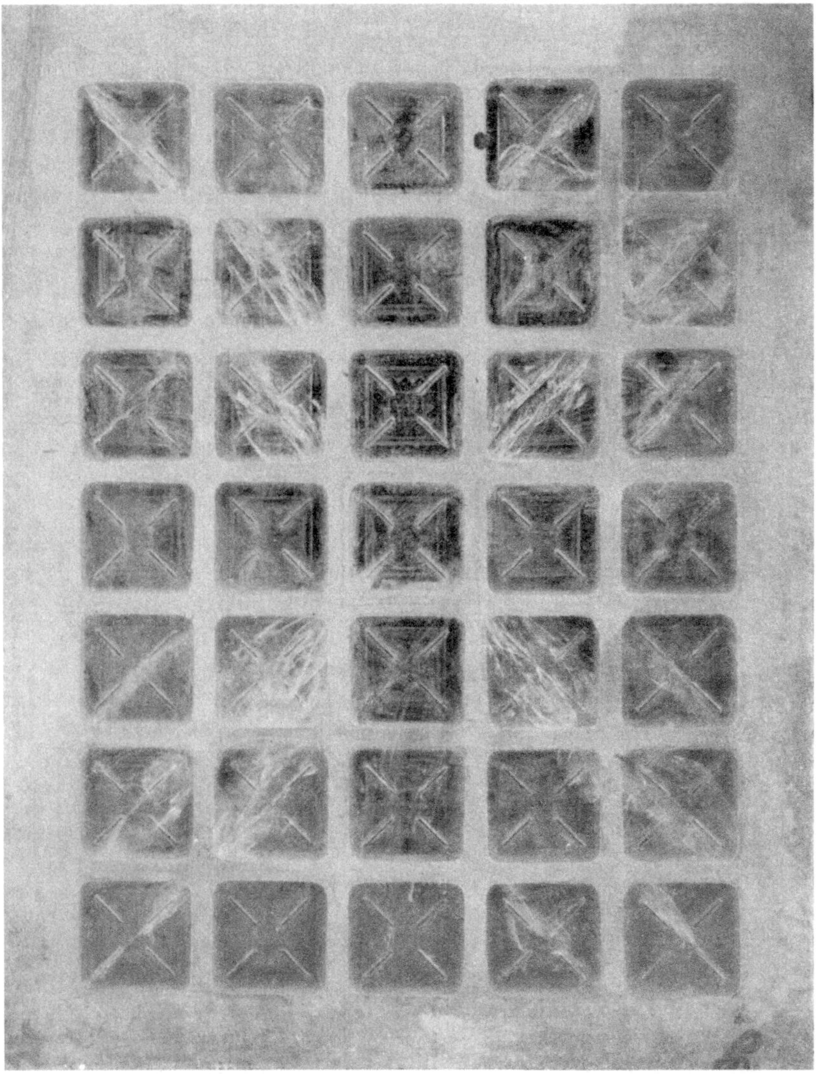

Abb. 30. Vierseitig aufgelagerte Luxferplatte nach dem Stoßversuch.

Diese Arbeit wird aufgezehrt

a) durch die meßbare Zusammendrückbarkeit des Sandsackes.

b) durch die elastische Formänderungsarbeit der Platte.

Durch Gleichsetzung dieser Arbeitensumme mit obigem Betrage der lebendigen Kraft ergibt sich eine Beziehung, aus der dann die Stoßkraft ermittelt werden kann. Damit aber einigermaßen wahrscheinliche Versuchsergebnisse zustande kommen, müßte, wenigstens in groben Zügen, etwa wie folgt verfahren werden:

1. Der Sandsack wird annähernd so groß wie die allseitig und starr gestützte Versuchsplatte ausgeführt.

2. Die Fallhöhe würde man zweckmäßigerweise nicht höher wie 1 m wählen, damit sich der Fallkörper während der Falldauer nicht zu sehr verformt. Dafür wird sein Gewicht, der geringeren Höhe entsprechend, größer sein, nämlich:

$$80 \cdot 5 = 400 \text{ kg}.$$

Durch eine besondere Maßnahme (z. B. eine in den Sandsack zu unterlegende Brettereinlage) muß ein gleichmäßiges Auftreffen auf die Versuchsplatte erreicht werden. Ist letzteres der Fall, dann sind unter jedem Rippenkreuzungspunkte Durchbiegungsmesser vorzusehen, die im Augenblick des Auftreffens jene dann jeweils entstehende maximale Durchbiegung aufzeichnen. Setzt man nun voraus, daß angenähert jedes Rippenfeld einen gleich großen Lastanteil erhält, so läßt sich unter folgendem Gedankengang die gesuchte Stoßlast ermitteln:

Zunächst muß hierbei zur Frage des Verlaufs der Durchbiegung als Funktion der Lastgröße Stellung genommen werden. Es kann vorausgesagt werden, daß bei g e r i n g e r Belastung die Durchbiegung etwa parabolisch verläuft, daß aber die Durchbiegung bei hohen plötzlichen Lasten nach einer Kurve verläuft, die von der vorigen, gemeinen Parabel dergestalt abweicht, daß sie sogleich im Anfang stark emporsteigt; auf diese Weise erhält man bei der Komplanation einen Inhalt, der sich mehr dem Rechteckinhalt $P \cdot \delta$ nähert. Ihr Inhalt mag demnach zwischen den Werten $\frac{2}{3} P\delta$ und $\frac{3}{3} P\delta$ liegen, liegt also bei

$$\frac{5}{6} P \cdot \delta .$$

Im übrigen muß naturgemäß die Bestätigung dieser Annahme durch einen entsprechenden Vorversuch mit der Glasbetonplatte festgestellt werden.

Nun noch die Frage des Verlaufs der Zusammendrückung.

Wenn man die Kraft $\mathfrak{P}$ als Funktion der Zusammendrückung $\mathfrak{d}$ aufträgt ($\mathfrak{P}$ als Ordinate, $\mathfrak{d}$ als Abszisse), so wird eine Kurve $\mathfrak{d} = f(\mathfrak{P})$ zustande kommen, die im Wesen einen etwa entgegengesetzt gerichteten Verlauf nehmen wird wie die vorige Kurve $\delta = f(P)$ der Rippendurchbiegungen. Es wird nämlich $\mathfrak{P}$ beim Auftreffen, von Null anfangend, sehr klein sein und nur sehr langsam zunehmen, bis nach erreichter Stauchung des Sandinhalts plötzlich der Kurvenast stark ansteigt.

Auch hierfür ist zur Feststellung des genauen Verlaufs ein entsprechender Vorversuch vonnöten. Hat man also den Funktionsverlauf $P = f(\delta)$ und $\mathfrak{P} = f(\mathfrak{d})$ festgelegt, so ist die gesuchte Kraft im Augenblick des Auftreffens ermittelbar. Selbstverständlich bleibt das ganze Verfahren ein Annäherungsverfahren.

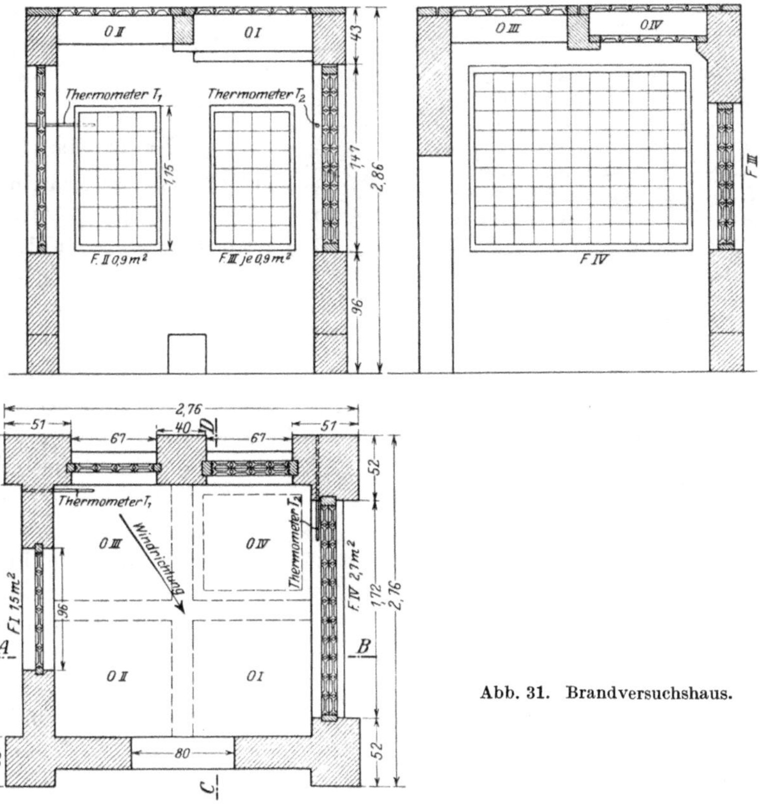

Abb. 31. Brandversuchshaus.

4. Versuche zur Klärung der Frage der Feuersicherheit.

Einer der bemerkenswertesten Versuche auf diesem Gebiete ist der im Jahre 1914 im Staatlichen Materialprüfungsamt Dahlem durchgeführte Brandversuch mit Glaseisenbeton (Luxfer), der auszugsweise wiedergegeben wird. Abb. 31 zeigt das aus Ziegelmauerwerk erstellte Versuchshäuschen. Es waren, wie daraus erkennbar ist, größere, kleinere, einfache und auch doppelwandige Fenster eingebaut, ebenso wie Oberlichtplatten, ein- und doppelwandig von verschiedenartigen Abmessungen. In der Abb. 31 sind die verschiedenen Fenster mit F_I bis F_{IV} bezeichnet, ebenso die Oberlichtplatten mit O_I bis O_{IV}, wobei die Fenstergröße in Quadratmetern eingetragen ist. Einzelheiten der Fenster mit Oberlichtern zeigen die Abb. 32 und 33.

Versuchsausführung.

Entzündung eines 4,5 m^3-Kiefernscheitstapels, Feuer 1 Stunde lang durch Nachwurf von 1,5 m^3 in voller Glut, Fenster und Oberlichter erst von außen, dann von innen mit Wasser bespritzt, schließlich Löschung des Feuers.

Längsschnitt Fenster I u. II.

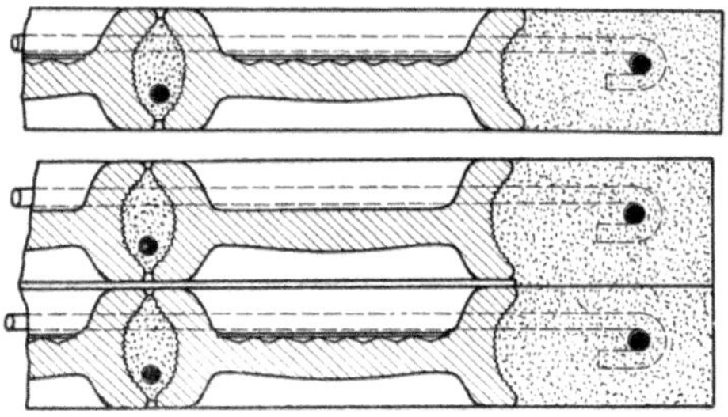

Längsschnitt Fenster *III* u. *IV*.

Abb. 32. Maßstab $^1/_5$ der nat. Größe.

Ergebnis.

α) Verhalten der Fenster.

Nach einigen Minuten Brennzeit fängt die Bildung von Sprüngen in den Fliesen an, nach 30 Minuten haben sämtliche Glasfliesen zahlreiche Sprünge, und das Glas beginnt im Brandraum weich zu werden (nach der Temperaturkurve Abb. 34 etwa 850 °C), schließlich Glasränder miteinander verschmolzen. Sonstige Zerstörungserscheinungen sind nicht beobachtet worden, und die Fenster blieben gegen Rauch, Funken und Flammendurchlaß **dicht**. Abb. 35 und 36 zeigt die Fenster *II* und *III* vor und nach dem Versuch.

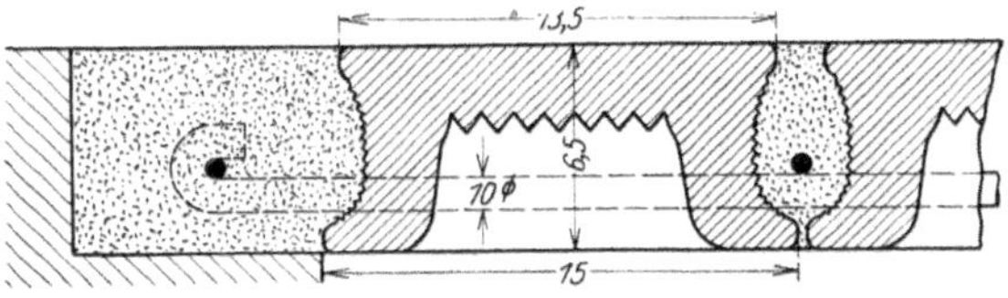

Abb. 33. Maße in cm.

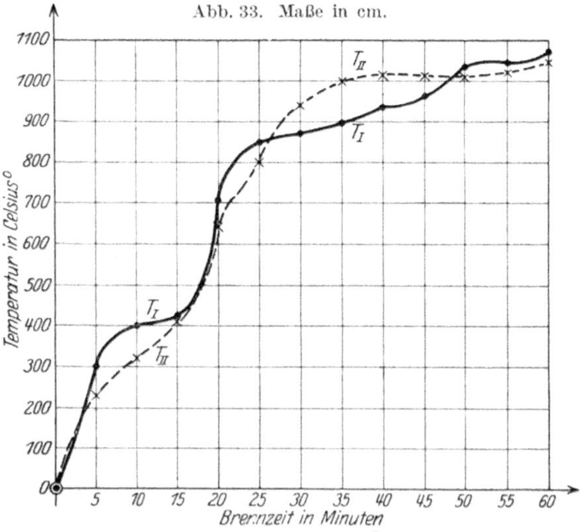

Abb. 34. Verlauf der Wärmeänderungen während des Brandes, gemessen an den Stellen T_1 und T_2

β) Verhalten der Oberlichter.

Nach 20 Minuten Auftreten der ersten Sprünge in den Fliesen; nach 30 Minuten Weichwerden des Glases; zahlreiche dünne Glasfäden fliegen zur Abzugsöffnung langsträhnig heraus. Sämt-

III *II*

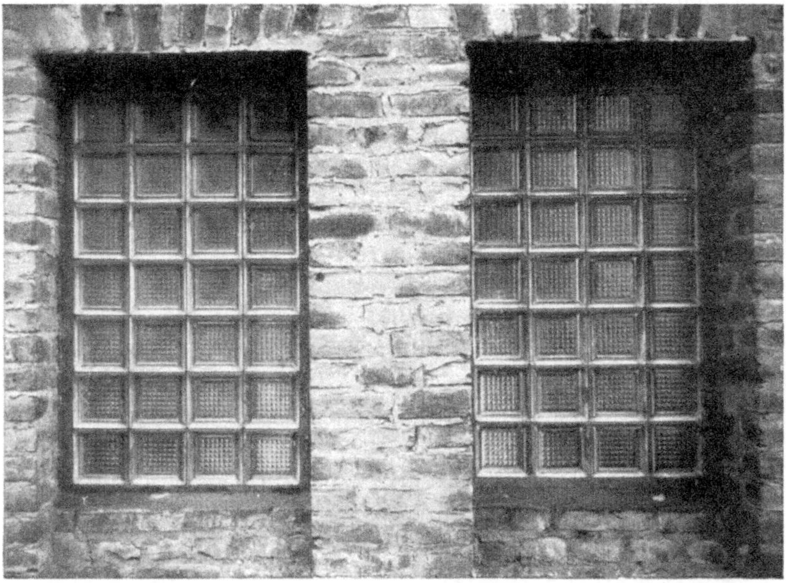

Abb. 35. Ansicht der Fenster *II* und *III* außen vor dem Versuch.

III *II*

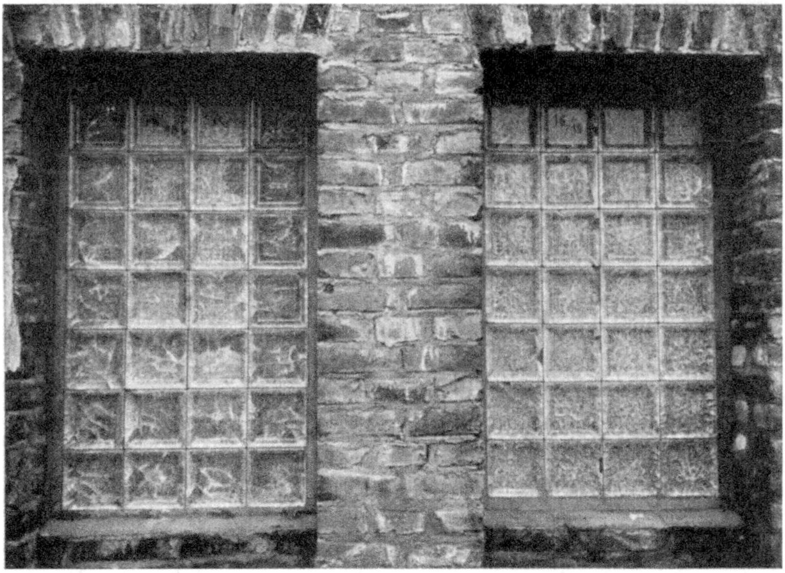

Abb. 36. Ansicht der Fenster *II* und *III* außen nach dem Versuch.

liche Oberlichter waren auch nach dem Versuch noch dicht und begehbar, und es zeigten sich außer den Sprüngen in den Glasfliesen keine weiteren Zerstörungserscheinungen.

5. Versuche zur Bestimmung der Lichtwirkung von Prismengläsern.

Zunächst ist es zum Verständnis und für die Bildung eines eigenen Urteils über den erzielbaren Helligkeitsgewinn erforderlich, sich über einige optische Wirkungen des Prismas klar zu werden. Nach S. 24 ist der Brechungsindex $n = \frac{\sin \alpha}{\sin \beta} =$ rd. 1,5 für die hier in Frage kommenden Gläser. Wenn nun gemäß Abb. 37 ein Lichtstrahl S aus der Luft in das Glas unter dem Winkel α gegen das Lot $l — l$ übertritt, so erfährt er eine Ablenkung um β, und zwar wird er in Richtung **zum** Lot abgelenkt. Beim Austritt aus dem Glas in die Luft wird er **vom** Lot weg abgelenkt, und zwar beträgt $\alpha' = \alpha$, weil ja hier Vorder- und Rückseite des Glases parallel sind. Somit sind auch S und S' parallel. Die Größe des Brechungswinkels erhält man rechnerisch aus der Beziehung

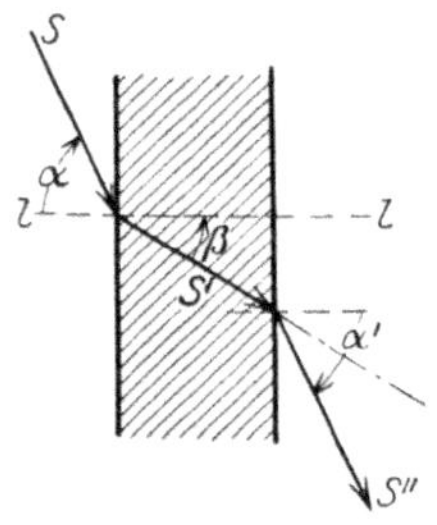

Abb. 37.

$$n = \frac{\sin \alpha}{\sin \beta} = 1{,}5 = \frac{3}{2},$$

infolgedessen

$$\sin \beta = \frac{2}{3} \sin \alpha .$$

Beispiel: Es sei $\alpha = 60^0$ gemessen; dann ist

$$\sin \beta = \frac{2}{3} \sin 60 = \frac{2}{3} \cdot \frac{1}{2} \sqrt{3} = 0{,}57737$$

und somit $\beta =$ rd. $35^0\, 18'$.

Sind Vorder- und Rückseite des Glases dagegen nicht parallel, so erfolgt die Ablenkung des Lichtstrahls etwa wie in Abb. 38. Es ist nämlich wie vorhin

$$\sin \beta = \frac{2}{3} \sin \alpha .$$

Tritt der Strahl S' mm vom dichten ins dünne Medium, so wird sinngemäß der Beziehung von

$$\sin \beta = \frac{2}{3} \sin \alpha : \quad \sin \alpha' = \frac{3}{2} \sin \beta' .$$

Nun bestehen aber die Glasfliesen nach Abb. 25a bis d (auch gut aus Abb. 33 erkennbar) aus einer Reihe von aufeinanderfolgenden Prismenflächen. In Abb. 39 ist die Brechung der Einfallstrahlen an einem solchen

Typ beliebiger Form gezeigt, indem verschieden geneigt gewählte Einfallwinkel untersucht sind. Dort können die gesuchten Brechungs- und Austrittswinkel nach den vorhin gegebenen Gleichungen ohne weiteres er-

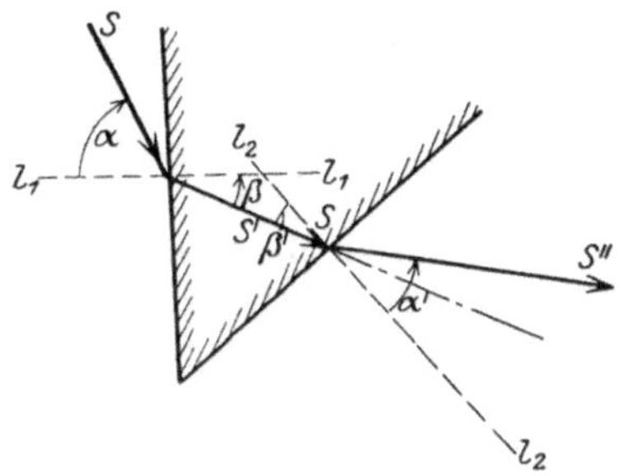

Abb. 38.

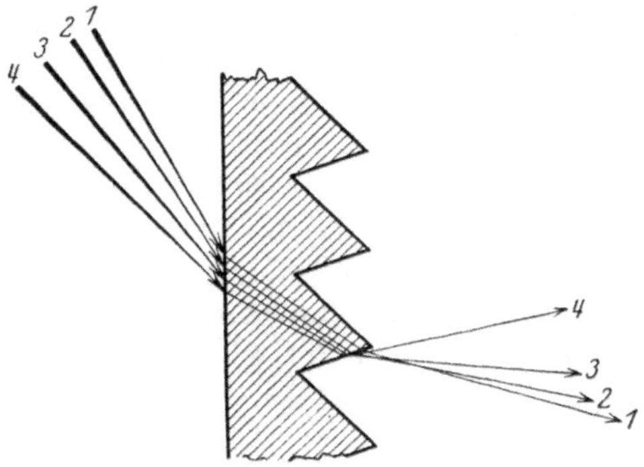

Abb. 39.

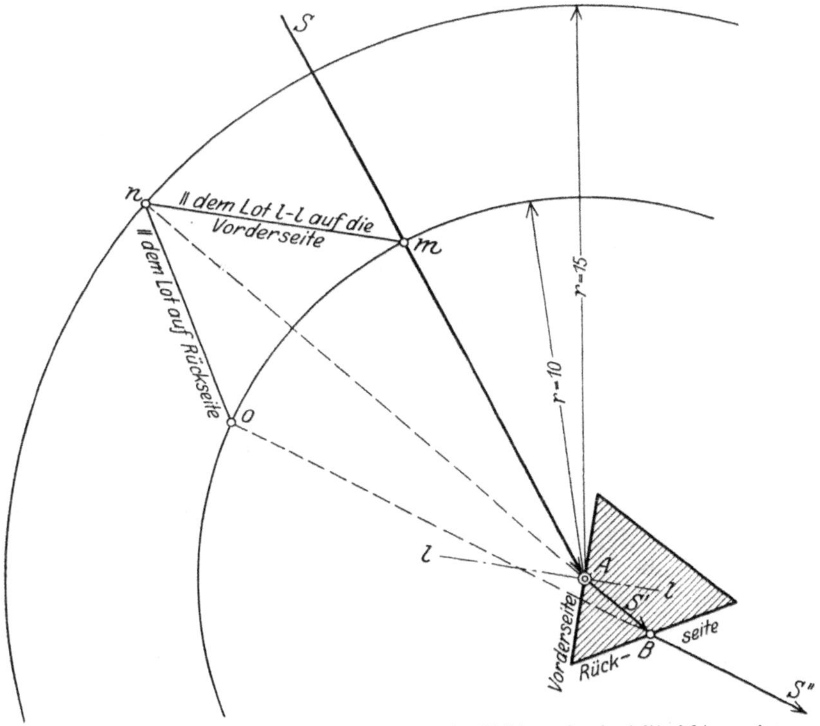

Abb. 40. Zeichnerisches Verfahren zur Ermittlung der Richtung der Austrittsrichtung eines Lichtstrahles.

mittelt werden; im vorliegenden Fall ist jedoch ein einfaches **zeichnerisches Verfahren** angewendet worden, das sich wie folgt gestaltet. Man zieht, Abb. 40, von dem Auftreffpunkt A des Strahles S als Mittelpunkt 2 Kreise mit den Halbmessern 15 und 10 cm. Von dem Schnittpunkt m des Lichtstrahles mit dem kleineren Kreis zieht man eine Parallele zum Lot l—l (auf die Vorderseite des Prismas), die den großen Kreis in n schneidet; n — A ist dann die Richtung des gebrochenen Strahles S', und durch Ziehen einer Parallelen zum Lot auf die Rückseite des Prismas erhält man in o — B die Richtung des austretenden Strahles S''. Wenn also verschiedene, zum Teil lotrechte und auch geneigte Oberlichter gebraucht werden, so kann man sich auf Grund des vorstehenden ungefähr die erforderliche Prismenneigung feststellen; es ist dies natürlich nicht so ganz einfach, weil man es nicht mit Einzellichtstrahlen zu tun hat, sondern mit zerstreutem Licht; um jedoch auch hierfür eine Vorstellung zu haben, seien noch folgende Belichtungsfragen besprochen. Angenommen, wir hätten eine Halle A (Abb. 41) mit dem Oberlicht O

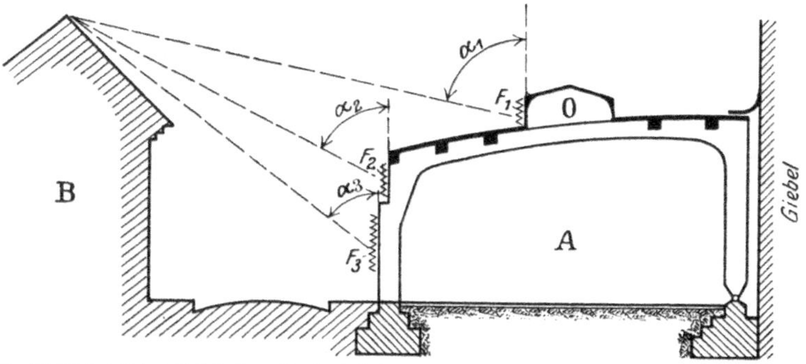

Abb. 41. Lichteinfall bei Gebäuden. Zenitwinkel α_1, α_2 und α_3 für Oberlicht und Fenster F_2 und F_3.

samt Fenster F_1, dem durchlaufenden Lichtband F_2 und schließlich den Fenstern F_3. Wir haben vorhin gefunden, daß je nach der gewünschten Lichtrichtung und je nach Einfallwinkel des Lichtstrahles die Prismenneigung festgelegt werden kann. In der Abb. 41 ist nun das Gebäude B für die Richtung des Lichteinfalles maßgebend. Man denkt sich nun vom First des Gebäudes B eine Gerade nach der Mitte des Fensters F_1, gezogen. Der Winkel α_1 heißt dann der **Zenitwinkel** für das Oberlichtfenster F_1, und er ist gleichsam die Grenze, unter welcher der niedrigste Lichtstrahl auf das Prisma fällt; der höchste Lichtstrahl, den das Prisma sodann erhält, ist fast lotrecht. Diese Richtung hängt indessen von der Stärke der Fensterlaibung bzw. der Oberlichtzarge ab; hat man nun auf die nach S. 41 angegebene Weise festgestellt, daß das in Aussicht genommene Prisma die beiden Grenzlichtstrahlen befriedigend weitergibt, so kann man ohne Sorge sein, daß auch die Strahlen des dazwischen liegenden Lichtkegels befriedigend gebrochen werden und auf diese Weise der Raum gut erhellt werden wird; ebenso verhält es sich mit den Fenstern F_2 und F_3 mit den Zenitwinkeln α_2 und α_3.

Und nun zum Versuch selbst. Vorausgeschickt sei, daß als Maßstab für die Helligkeit die **Meterkerze** genommen wird, das ist die Helligkeit einer Normalkerze [1]) im Abstande von 1 m. Die Helligkeit des zerstreuten Tageslichts in der Himmelsfläche z. B. beträgt an einem trüben bewölkten Tage etwa 2500 Meterkerzen, während zum Lesen und Schreiben allermindestens 10 Meterkerzen als erforderlich gelten [2]). Der nachstehende Versuch ist vom Physikalischen Staatslaboratorium zu Hamburg in einem im Mittel 3,8 m breiten und 17 m langem Hamburger Geschäftsraume angestellt worden; den Grundriß des Raumes zeigt Abb. 42.

Die Erhellung des Raumes erfolgte durch ein Fenster an der nach Südosten gelegenen Schmalseite. Die Größe der Fensterflächen betrug $1{,}5 \times 1{,}9 = 2{,}85$ m² Fläche. Vor das Spiegelglasfenster konnten

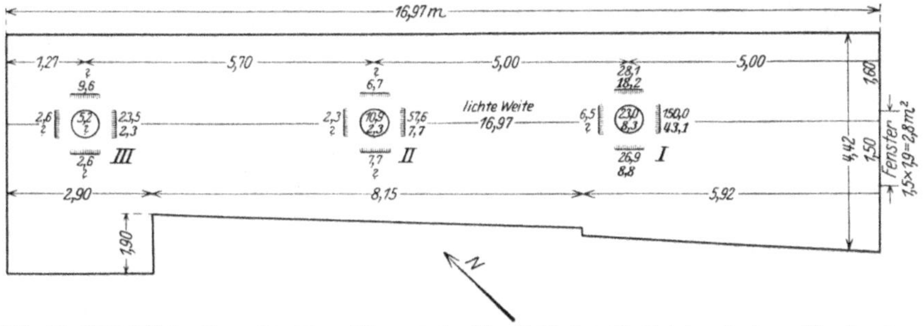

Abb. 42. Grundriß des Versuchsraumes (Versuch des Physikalischen Staatslaboratoriums Hamburg). Die Helligkeit ist in Meterkerzen gemessen. Die fetten Zahlen bedeuten die Helligkeiten ohne die Prismenfenster, die gewöhnlichen Zahlen die Helligkeiten mit Prismen. „?“ bedeutet: die Helligkeit ist unter 2 Meterkerzen.

Fensterscheiben mit Luxferprismen vorgeschoben werden, so daß ein schneller Übergang von der gewöhnlichen Fensterbeleuchtung zur Luxferprismenbeleuchtung und umgekehrt möglich war. Wegen der Rahmen der Prismenfenster war die Fensterfläche des Prismenfensters kleiner; sie betrug $1{,}4 \times 1{,}7 = 2{,}38$ m².

Die Messungen wurden in der Weise vorgenommen, daß stets die Helligkeit einer **Papierfläche** in Meterkerzen bestimmt wurde, und zwar erst bei einfachem Fenster und unmittelbar darauf mit Prismenfenstern. Das Wetter am Tage der Messung war ein gleichmäßig klares Frostwetter mit mattblauem Himmel, das während der ganzen Dauer der Messung eine nennenswerte Änderung nicht erlitt, so daß alle

---

[1]) Für Deutschland wird die Normalkerzenstärke durch die horizontale Lichtstärke der Amylazetatlampe von v. Hefner-Alteneck bestimmt. Siehe darüber: Liebenthal: Praktische Photometrie. S. 411. Verlag Vieweg u. Sohn. Es ist jedoch für unsere Zwecke völlig ausreichend, für Lichtstärkenmessungen die amtlich geaichten elektrischen Glühlampen zugrunde zu legen.

[2]) Dies ist knapp und 15 Meterkerzen sind eher zu empfehlen.

Messungen untereinander vergleichbar sind. Die Sonne erreichte das Fenster überhaupt nicht, da sie über die gegenüberliegenden Häuser nicht herübertrat. Der Raum selbst war mit einer hellen Tapete von gelblichem Ton bekleidet, die Rückwand in der Tiefe (dem Fenster gegenüber) mit einem weißen Vorhang.

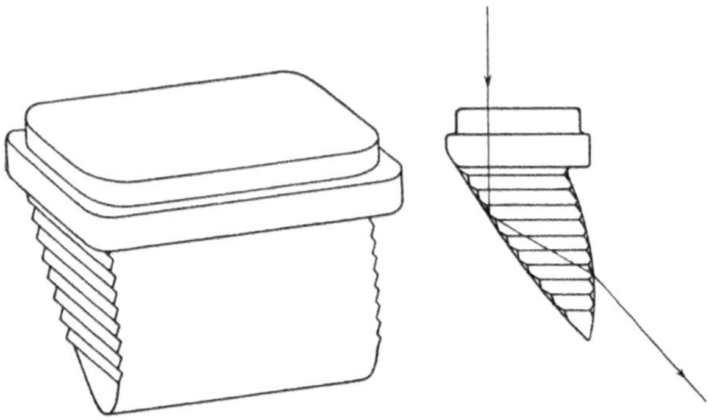

Abb. 43.

Die Messungen wurden an drei Stellen des Raumes vorgenommen, die vom Fenster einen Abstand von bzw. 5,10 und 5,17 m hatten, und zwar wurde gemessen die Helligkeit einer Papierfläche in der Höhe eines Tisches in wagerechter Lage und in lotrechter Lage nach dem Fenster zugekehrt; nach der rechten Seite, nach der linken Seite und auch nach rückwärts (vom Fenster abgekehrt). Die Messungsergebnisse in Meterkerzen sind in der Abb. 42 eingetragen in der Art und Weise, daß die in den Kreisen stehenden Zahlen die Helligkeit der wagerechten Flächen angeben; die neben den schraffierten Strichen stehenden Zahlen geben die Helligkeit der lotrechten Papierflächen auf derjenigen Seite an, auf der die Zahlen neben den Strich geschrieben sind.

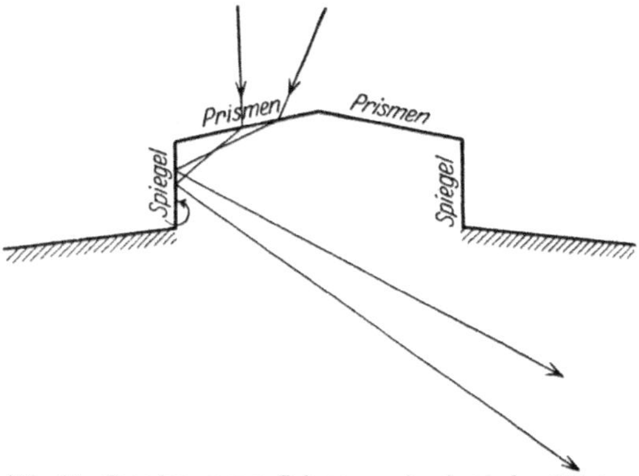

Abb. 44. Benutzung von Prismen und spiegelnden Flächen bei Oberlichtern.

Die fettgedruckten Zahlen beziehen sich überall auf die Helligkeiten mit Luxferprismenbeleuchtung, die gewöhnlichen Ziffern auf die Helligkeit mit einfachem Spiegelglasfenster. Die Helligkeitsergebnisse sind, wie erwähnt, aus Abb. 42 erkennbar, und der erzielte Gewinn an Helligkeit ist von einer geradezu verblüffenden Größe. Während nämlich z. B. beim Tisch *I* die durch Prismen erzielte Helligkeit 23,0 : 8,3 = rd. **2,8**fach so groß ist, so ist sie an Tisch *II* 10,9 : 2,3 = **4,7**fach. An den lotrechten Wänden schwankt dieser Wert zwischen

1,6- und 10fach. Leider verbietet der Raum ein weiteres Eingehen insbesondere auf andere sehr erkenntnisreiche Versuche des oben angeführten Instituts in Hamburg.

Zum Schluß sei nur noch auch der rein wagrechten oder fast wagrechten Oberlichtflächen gedacht, etwa wenn in der Abb. 41 das Oberlicht „O" auch noch die oberen Flächen in Glasprismen eingedeckt würden. Es gibt natürlich hier verschiedene Möglichkeiten. Für normale Fälle genügen die üblichen, meist flachgeneigten Prismen; interessant ist jener Fall, in dem das Licht nur nach einer einzigen Seite hin geworfen werden soll. Dann bediene man sich der Prismen nach Abb. 43. Es bleibt aber auch noch in manchen Fällen zu erwägen, ob nicht durch Verquickung mit Spiegeln oder spiegelnden Flächen das Ziel besser erreicht wird (also nach Abb. 44), als wenn die wagrechten Flächen unmittelbar mit den nach Erfordernis geneigten Prismen ausgestattet wären[1]). Solche flachgeneigten Oberlichter sind sehr der Verschmutzung ausgesetzt und müssen daher durch Anordnung von Umwehrungen gut zugänglich gemacht werden.

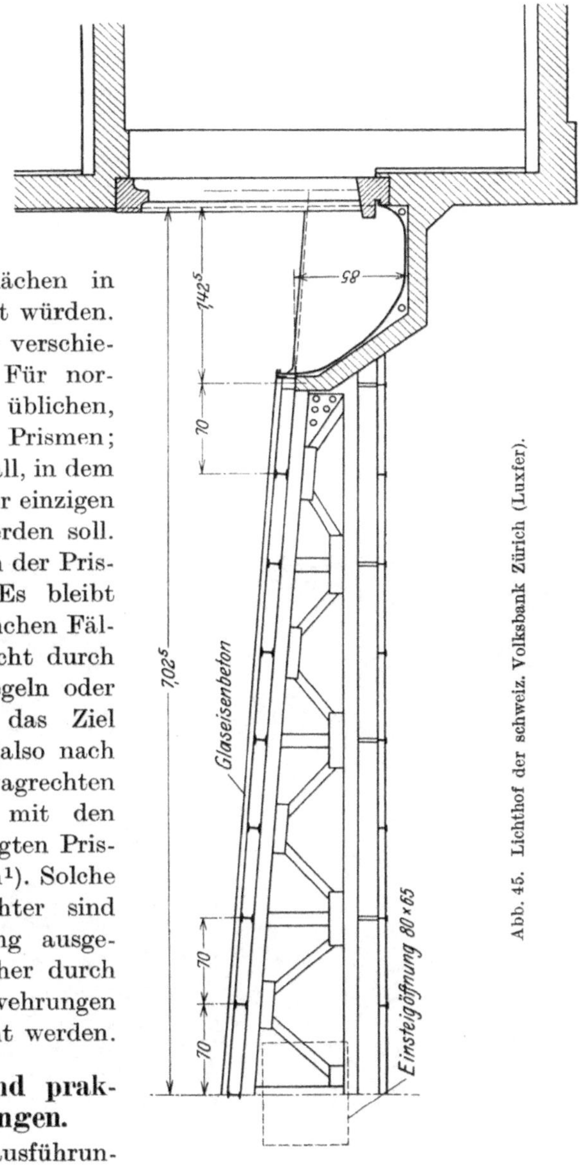

Abb. 45. Lichthof der schweiz. Volksbank Zürich (Luxfer).

6. Anwendungen und praktische Ausführungen.

Die folgenden Bauausführungen sind deshalb bemerkenswert, weil sie nicht nur einfache Glasdachflächen, sondern auch Tonnen und Kuppeln zwischen Eisen-

[1]) Vgl. den Aufsatz von Brt. Künzel: Zentralbl. Bauverw. 1922, S. 362.

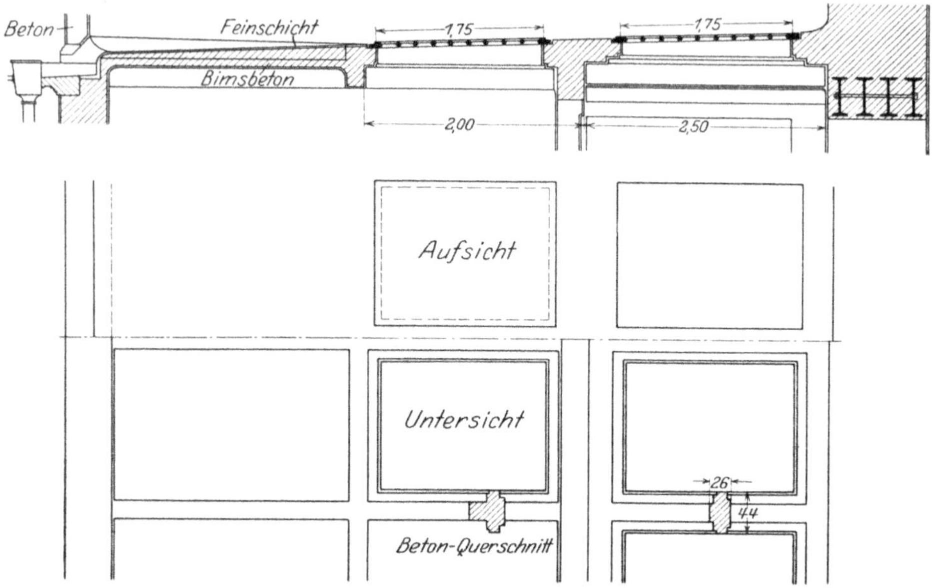

Abb. 46. Schalterhalle auf Hauptbahnhof Köln (Luxfer in Verbindung mit Bimsbetondach).

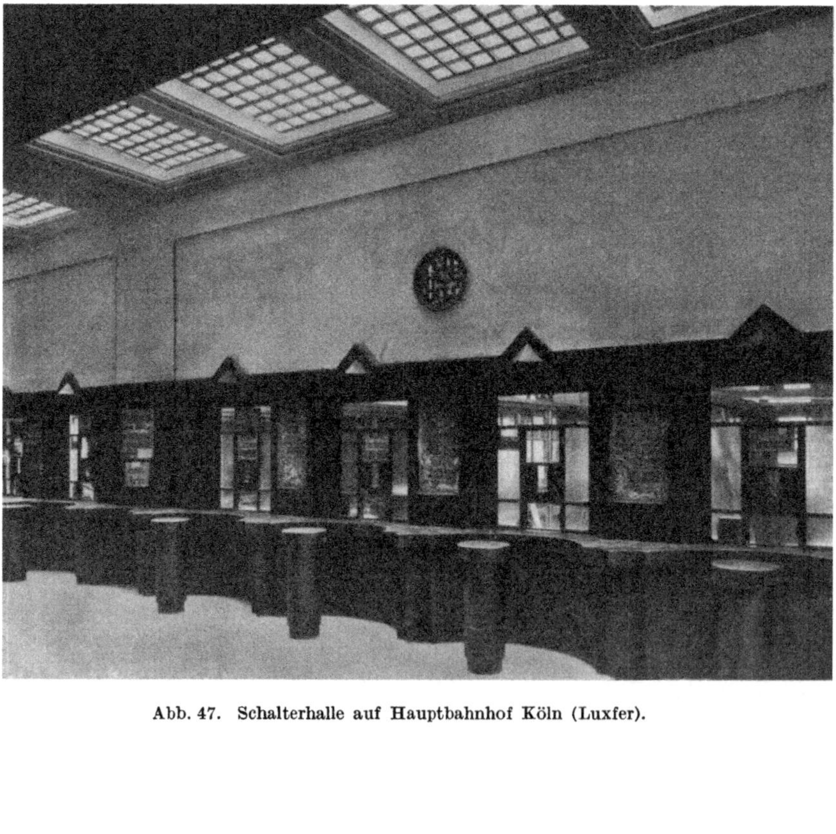

Abb. 47. Schalterhalle auf Hauptbahnhof Köln (Luxfer).

konstruktion, ferner auch solche zwischen Eisenbetonkonstruktion zeigen[1]), Abb. 45 gibt ein ebenes Glasdach auf eisernen Bindern und Pfetten wieder. Es ist dies der Lichthof der Schweizerischen Volksbank Zürich. Abb. 46 zeigt die Konstruktionszeichnung für eine ebene Glasdecke mit anschließendem Bimsbetondach einer Schalterhalle auf Hauptbahnhof Köln. Die optische Wirkung der Verglasung ist gut aus Abb. 47 zu erkennen, die in der Tat vorzüglich erscheint.

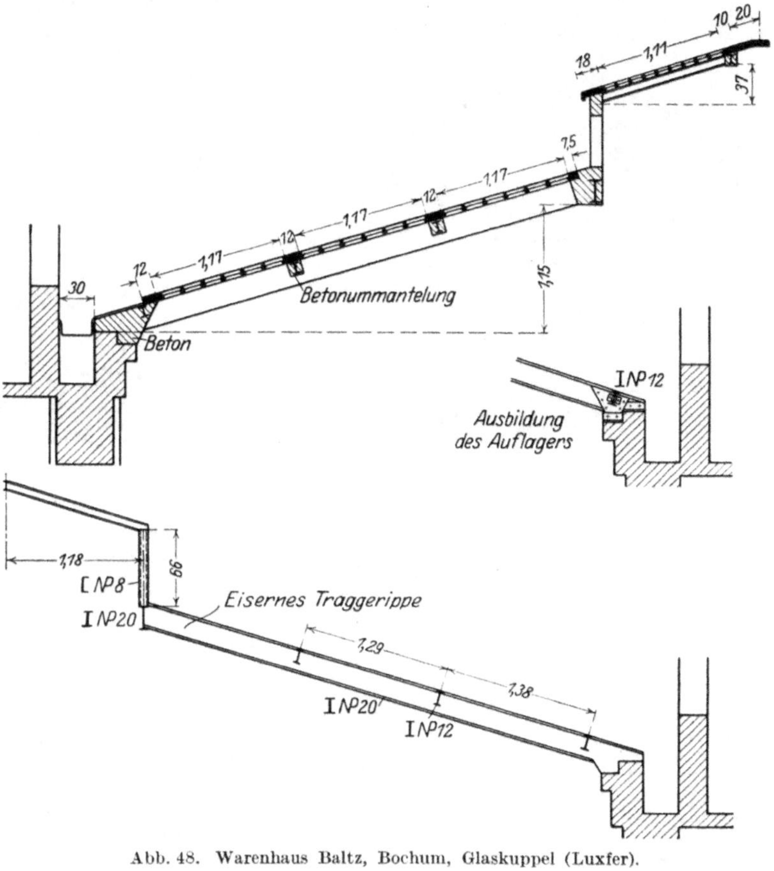

Abb. 48. Warenhaus Baltz, Bochum, Glaskuppel (Luxfer).

Ein außerordentlich interessantes Beispiel liefern die Abb. 48, 49 und 50 (Neubau Baltz-Bochum). Während nämlich das Gebäude selbst, wie aus Abb. 49 hervorgeht, in Eisenbeton errichtet ist, so hat man sich doch entschlossen, das Tragwerk der Glaskuppel in Eisenkonstruktion auszubilden. Die eisernen Sparren und Pfetten sind dann mit „Monier" feuersicher ummantelt. Die Abb. 50 endlich zeigt die optische Wirkung.

[1]) Sämtliche Abbildungen sind von Luxfer zur Verfügung gestellt.

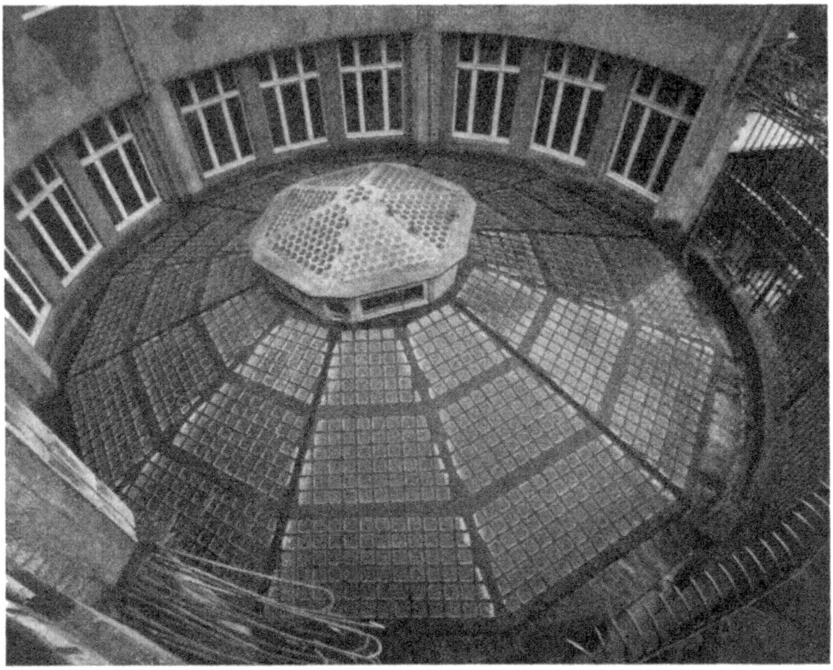

Abb. 49. Warenhaus Baltz, Bochum. Aufsicht auf die Kuppel. Tragwerk der Kuppel in unmanteltem Eisen.

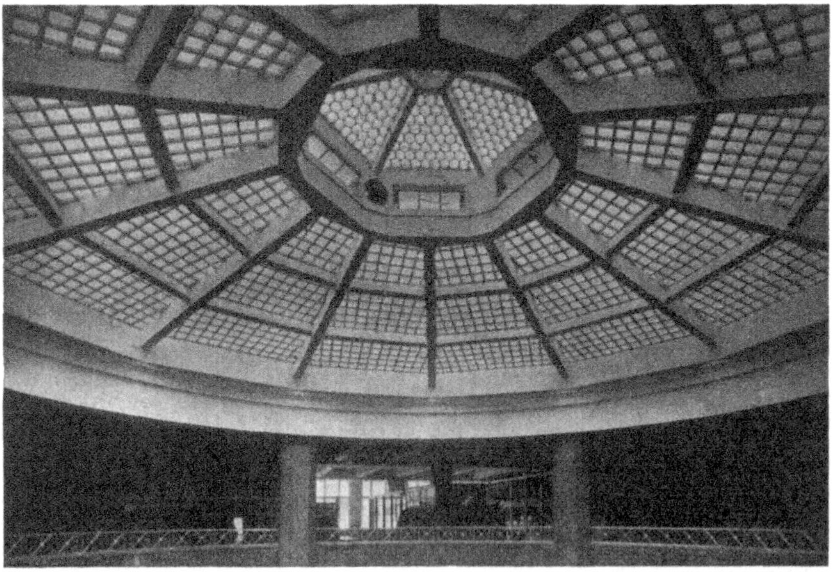

Abb. 50. Warenhaus Baltz, Bochum. Untersicht der Kuppel (Luxfer).

Eine Anwendung eines tonnenförmigen Oberlichtes ist aus der Konstruktionszeichnung (Abb. 51, Verwaltungsgebäude der Rombacher Hütte) zu erkennen. Das Tragwerk selbst ist aus Eisenbeton.

Eine eigenartige schöne Wirkung hat die Formgebung der Rautenoberlichter in Abb. 52 (Zeiss-Werke Jena).

Gedenkt man der primitiven eisernen Oberlichter noch vor 25 bis 30 Jahren, so ist hier jedenfalls ein gewaltiger Fortschritt zu verzeichnen. Im übrigen wäre früher die Erzielung einer derartigen Lichtfülle und Lichtverteilung mit derselben Lichtflächengröße überhaupt nicht möglich gewesen.

7. Winke für die Anwendung.

Will man einzelne Teile von Dachflächen oder auch ganze Dachteile mit Glaseisenbeton eindecken, so ist zunächst die Grundfrage der Dachneigungswinkel, denn von ihm hängt es ab, ob die betreffende Dachfläche betretbar ist oder nicht; dabei wird man zugunsten der Sicherheit der Glasdecke alle Dächer von 0 bis 50° als betretbar annehmen. Für solche Flächen kommen die Ausführungen nach Abb. 26 und 28, 32 und 33 in Betracht. Die Eigenlasten dieser, je nach Spannweite und Nutzlast 43 bis 55 mm dicken Platten beträgt

$$g = 90 \text{ bis } 120 \text{ kg/m}^2;$$

die 65 mm starke Platte wiegt dagegen etwa

$$135 \text{ kg/m}^2.$$

Die Ausführung nach Abb. 29 (sog. kombinierte Luxferbauweise) ist etwas leichter, nämlich bei Plattendecken von 52 bis 55 mm

$$g = 80 - 100 \text{ kg/m}^2.$$

Für die obigen Eigenlasten, ferner für Wind und Schnee (je nach Dachneigung) wären nun die Binder und Pfetten zu berechnen. Die für die Glaskonstruktion zur Auflagerung erforderliche Flanschbreite soll mindestens 30 mm nach jeder Seite hin betragen. Gehen also die Glasbetonplatten über die Pfetten hinweg, so sind nach jeder Seite hin je 30 mm, somit 60 mm erforderlich. Sind eiserne I-Pfetten vorgesehen, so muß daher mindestens I.N.P. 14 vorhanden sein (Flanschbreite 66 mm). Nun ist aber zu beachten, daß ein Pfettenprofil sich nur dann als wirtschaftlich erweist, wenn man einen verhältnismäßig großen Binderabstand zugrunde legt, wie aus folgenden Beispielen ohne weiteres hervorgeht.

Dachneigung: fast wagrecht

Stützweite der Glasbetonplatte	= 1,20 m
Eigengewicht der Glasbetonplatte . .	= 100 kg/m²
Eigengewicht der Pfetten	= 15 „
Schnee	= 75 „
zusammen	= 190 kg/m²

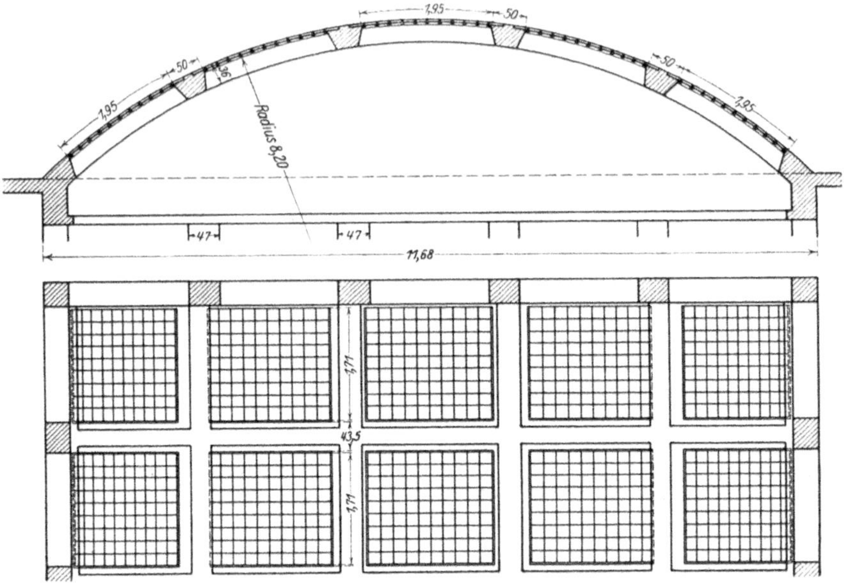

Abb. 51. Verwaltungsgebäude der Rombacher Hütte (Luxfer).

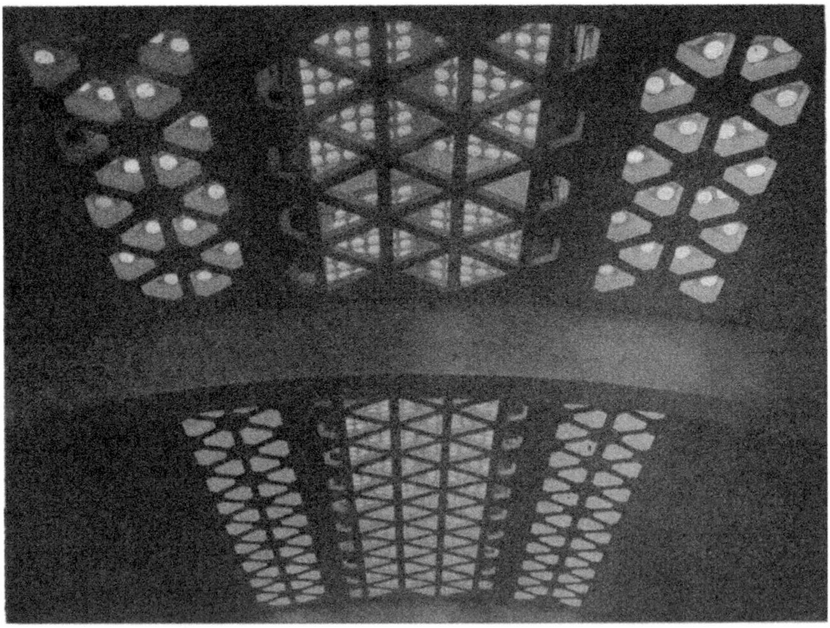

Abb. 52. Schöne Wirkung von Rauten-Prismen-Oberlichter der Zeisswerke (Ausf. Luxfer).

Es soll nun die erforderliche Pfettenspannweite l herausgerechnet werden, damit ein Pfettenprofil $I\ NP$ 14 mit $W = 81{,}9\ \text{cm}^3$ nach Möglichkeit ausgenutzt wird.

Das zulässige Biegungsmoment beträgt je nach der zugrunde gelegten zulässigen Beanspruchung von

$$\sigma = 1200 \text{ bzw. } 1400\ \text{kg/cm}^2,$$

$$81{,}9 \cdot 1200 = 98\,200\ \text{kgcm},$$

bzw.

$$81{,}9 \cdot 1400 = 145\,000\ \text{,,}\ .$$

Die auf die Pfette entfallende Last beträgt bei der vorstehend zugrunde gelegten Belastungsbreite von 1,2 m: $Q = 1{,}2 \cdot 190 \cdot l = 228 \cdot l$

$$\text{und } 1 = \frac{8M}{Q} = \frac{8M}{228 l},$$

somit

$$l = \sqrt{\frac{M}{28{,}5}} = \sqrt{3450} = 582\ \text{cm} = 5{,}8\ \text{m} \quad \text{bei } \sigma = 1200\ \text{kg/cm}^2$$

bzw. bei $\sigma = 1400$

$$= \sqrt{5100} = 71\ \text{cm} = 7{,}1\ \text{m}\ .$$

Nun ist zwar 5,8 bzw. 7,1 m die erforderliche Pfettenstützweite lediglich hinsichtlich der Biegungsbeanspruchung. Es ist aber auch die Durchbiegung zu berücksichtigen. Aus praktischen Gründen der Dichtigkeit der Dachhaut u. dgl. gehe man keinesfalls über eine Durchbiegung von $\frac{l}{300}$ hinaus, dann ist die zulässige Pfettenspannweite für eine Beanspruchung von 1200 kg/cm

$$l = 28\,h^{1)} = 28 \cdot 14 = 392\ \text{cm} = \text{rd. } 4{,}0\ \text{m}.$$

Aus dem vorstehenden ist zu ersehen, daß für wagerechte oder annähernd wagerechte Dachflächen zweckmäßig ein Binderabstand mindestens von 5 bis 7 m genommen wird, um das Mindestpfettenprofil NP 14 einigermaßen hinsichtlich der Beanspruchung auszunutzen. Kontrolle auf Durchbiegung hernach erforderlich. Bei schrägen Flächen ist es nicht unbedingt nötig, die obigen Mindestbinderabstände einzuhalten, weil zur Aufnahme der schrägen Dachkomponente dann zweckmäßigerweise ein ⊏-Eisen etwa NP 8—10 über das $I\,NP$ 14 darübergestülpt wird. Dann entsteht ein reichliches Auflager für die Glasbetonplatten.

Handelt es sich um steilere Flächen als 50° (nicht betretbar), dann ist die Verwendung einer etwa 22 mm dicken Glaseisenbetonplatte (vgl. hierzu auch S. 32 Zi. 7) empfehlenswert; die Stützweite wird aber zweckmäßig nicht über 60 bis 70 cm (bei lotrechten Lichtbändern natürlich größer) angenommen werden[2]). Sie wiegen etwa 60 kg/m²

[1]) Vgl. Vianello-David: Der Eisenbau. S. 127. Verlag R. Oldenbourg. Die dort vorhandene Tabelle ermöglicht ohne besondere Nachrechnung die sofortige Bestimmung der Durchbiegung.

[2]) Bei lotrechten oder fast lotrechten Lichtbändern ist nicht die Berechnung auf Winddruck zu vergessen.

III. Die Eindeckung mit Leichtsteindecken.

a) Der Baustoff.

Die Anwendung von sog. „Kleine“ Hohlsteinen für Dachdecken ist schon sehr alt und war früher gang und gäbe. Eine derartige Decke mit 10 cm hohen Steinen wog zwar mindestens 150 kg/m², stellte jedoch gegenüber der reinen Eisenbetondecke seinerzeit eine gewisse Errungenschaft dar, da sie nicht nur leichter an Gewicht, sondern auch sich in bezug auf die Wärmehaltung und Schallisolierung weitaus günstiger zeigte. Immerhin wurden bei den üblichen Pfettenabständen die damals zu Gebote stehenden Steinhöhen gar nicht ausgenutzt, so daß noch immer ein Unstimmigkeit vorlag. Überdies war die Decke für aus leichter Eisenkonstruktion erbaute Schuppen u. dgl. (zumal wenn sie ganz oder teilweise offen waren) verhältnismäßig viel zu schwer.

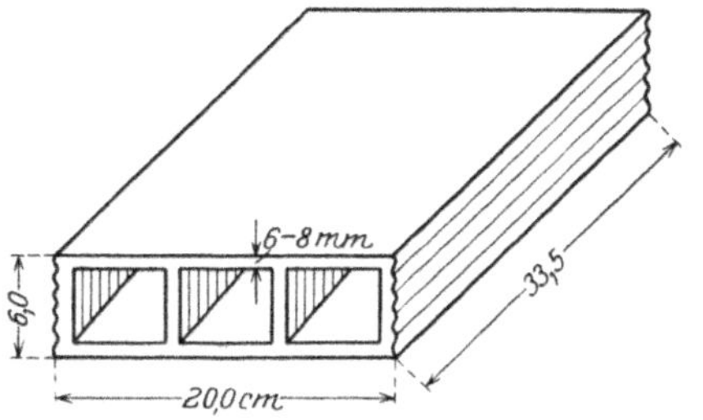

Abb. 53. Zomak-Leichtstein von 6 cm Höhe.

Den genannten Übelständen half die vor etwa 8 Jahren auftauchende Zomak-Leichtsteindecke ab; ihr Konstrukteur ging mit der Steinhöhe bis auf 6 cm herab und verminderte die Steinwandungen bis auf 6 bis 8 mm (Abb. 53), während gleichzeitig alle übrigen Abmessungen derart gegeneinander abgewogen sind, daß die Herstellung ziegeltechnisch gerade noch möglich war. Hierdurch gelangte das Steingewicht aber gleichsam zu einem Kleinstwert. Diese Hohlsteine werden porös und auch halbporös hergestellt. Bekanntlich wird ein poriges Gefüge dadurch erreicht, daß zum Ton organische Stoffe zugesetzt werden, die beim Brennen vergasen und dann eben die „Poren“ zurücklassen. Als derartige Zusätze werden Koksstaub, Sägespäne u. a. verwendet; in den Vereinigten Staaten (wo man die feuersichern Ummantelungen von Stützen und Trägern vorzugsweise mit porösen Hohlziegeln bewirkt) wird fast ausschließlich Sägemehl als organischer Zuschlag verwendet. Bei diesem außerordentlich großen Bedarf aber wird es von Tag zu Tag schwieriger, dort die erforderlichen Mengen an Sägemehl zu beschaffen, wie man aus der jüngsten amerikanischen Fachliteratur entnehmen kann. Diese Zuschläge werden mit etwa 30% beigemengt. In der Größe des Zusatzes ist man aber nicht nur ziegeltechnisch, sondern auch hinsichtlich der zu erwartenden Festigkeit beschränkt.

In manchen Tonvorkommen finden sich schon von Natur aus Braunkohlestückchen verteilt vor. Dann versehen diese die Stelle des organischen Zuschlags. Der Grad der Porosität hängt dann sehr davon ab, daß möglichst zahlreiche Kohleteilchen, und zwar vollkommen verbrennen. Aus diesem Grunde arbeitet man darauf hin, dem Ton geeignete, die Verbrennung fördernde, Sauerstoff entwickelnde Bestandteile beizumengen, um dergestalt die Porosität möglichst weitgehend zu fördern. Je nachdem also poriges oder halbporiges Material verarbeitet wird, wiegt ein einzelner Stein zwischen **2,26** kg und **3,07** kg.

Das Deckengewicht stellt sich — sorgfältige Ausführung vorausgesetzt — wie folgt:

Abstand der 2 cm starken Fugen = 22 cm[1]); somit $\frac{100}{22}$ = 4,545 lfd. m Fugen vorhanden und mit einem Inhalt = 4,545 · 0,06 · 0,02 = 0,005454 m³.

Abstand der 0,5 cm starken Stoßfugen = 34,0 cm (Steinlänge 33,5 cm); somit lfd. m = $\frac{100}{34}$ = 2,941 m mit einem Inhalt

$$2{,}941 \cdot 0{,}06 \cdot 0{,}005 = \frac{0{,}000\,088\ \text{m}^3}{0{,}005\,542\ \text{m}^3}.$$

Zahl und Gewicht der Steine pro m² = $\frac{100}{22} \cdot \frac{100}{34}$ = 4,545 · 2,941 = 13,367 Stück zu 2,26 kg.

Deckengewicht je qm (bei Verwendung poröser Steine):

13,367 · 2,26	= 30,21 kg
Beton 0,005542 · 2200 . . .	12,19
4,5 m Eisen 9 ⌀	2,27
	44,67 aufgerundet auf **50,0** kg/m².

Werden jedoch die halbporösen 3,07 kg-Steine verwendet, dann ergibt sich:

13,367 . 3,07	= 41,04
Beton	= 12,19
Eisen	= 2,27
	55,50 aufgerundet auf **60,0** kg/m².

Diese Gewichte werden bei eiliger schneller Einwölbung nicht immer eingehalten werden können; daß die Gewichte jedoch gut möglich sind, haben auch amtliche Wägungen von herausgestemmten Deckenstreifen ergeben.

---

[1]) Die Steinbreite beträgt 20 cm, die Steintiefe 33,5 cm (Abb. 53).

b) Versuchsergebnisse[1])

in der Lochrichtung als Mittelwert von je 10 Versuchen.

1. Versuche auf reinen Druck.

Gedrückt wurde der ganze Stein[2]).

Es bedeutet:

G = Steingewicht in kg im trockenen Zustand,
f = mittlerer Steinquerschnitt in cm²,
k = Bruchfestigkeit in kg/cm²,
γ = Raumgewicht in t/cbm.

Steine aus der Ziegelei Oberlangenöls (etwa nach Abb. 53). Abmessungen 33 × 20 × 6 cm:

$G = 2{,}554$,
$f = 58$,
$k = 201$,
$\gamma = 1{,}334$.

Steine aus der Ziegelei Oberlangenöls. Abmessungen 32,3 × 19,8 × 6,1 cm:

$g = 2{,}254$
$f = 51$,
$k = 278$,
$\gamma = 1{,}368$.

Steine aus den Hohenbüchener Hilstonwerken. Abmessungen 32,9 × 20,0 × 6,0 cm:

$g = 3{,}62$,
$f = 55$,
$k = 500$,
$\gamma = 1{,}692$.

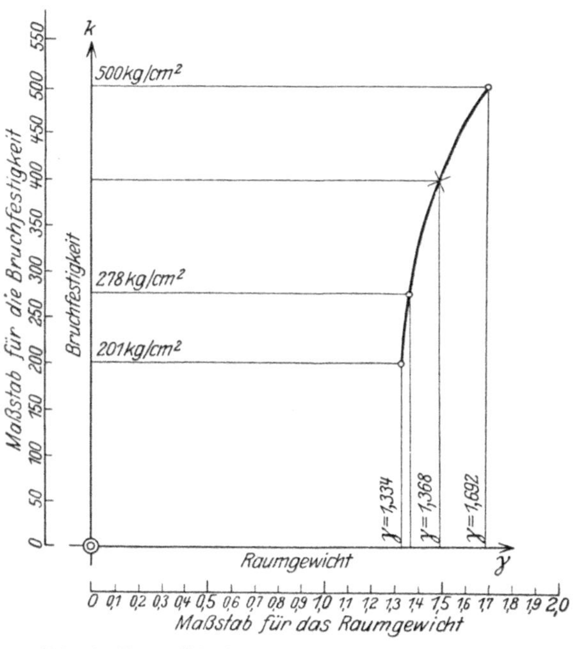

Abb. 54. Vermutliche Beziehung zwischen Steingewicht und Steinfestigkeit.

Wenn auch diese 3 Versuchsreihen mit 30 Steinen naturgemäß weitgehende Schlüsse nicht zulassen, so kann immerhin nach Abb. 54, bei der die Steinfestigkeit in Abhängigkeit von Raumgewicht aufgetragen ist, mit Sicherheit vermutet werden, daß es ein gewisses technisches

---

[1]) Von der Firma Hans Zomak zur Verfügung gestellt.

[2]) Bisweilen wird um bessere Bruchfestigkeit der Stein halbiert; es wird dadurch allerdings der Begriff der Steinfestigkeit etwas undeutlich. Es ist empfehlenswert, stets die ganzen Steine zu drücken.

Optimum in bezug auf Porositätsgrad, also somit auch auf Gewicht, und Steinfestigkeit gibt. Diese liegt vielleicht etwa bei

$$\gamma = 1{,}50,$$

und diesem entspräche eine Steinfestigkeit von

$$k = 400\ \mathrm{kg/cm^2},$$

obgleich für gewöhnliche Fälle eine Festigkeit von $7 \times 33 = 231\ \mathrm{kg/cm^2}$ ausreicht.

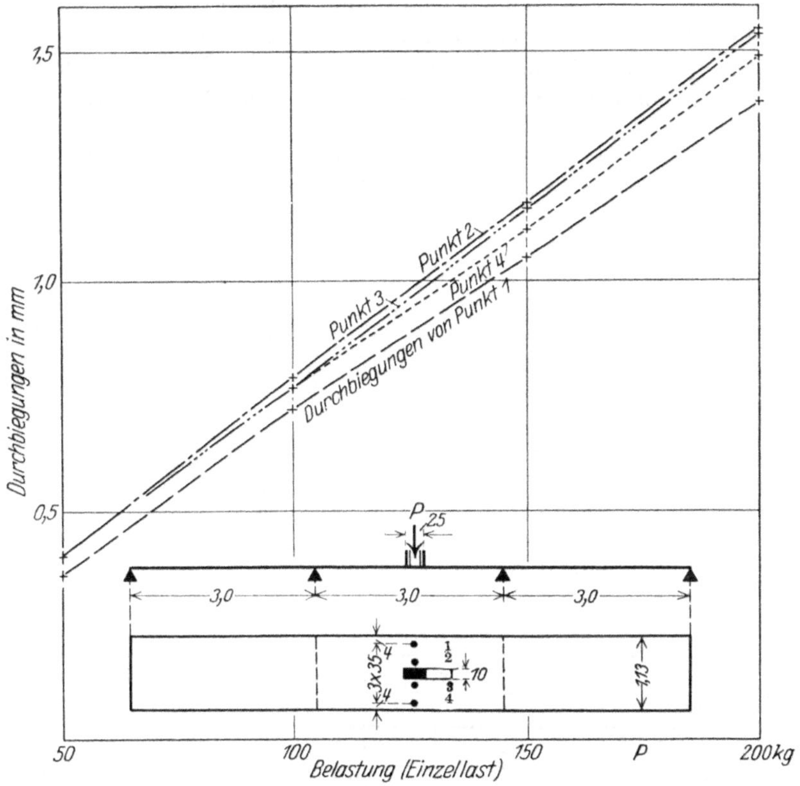

Abb. 55 u. 56. Messung der Durchbiegung an einer durchlaufenden Zomakdecke.

2. Stoß-Versuche.

Eine Decke von 2,1 m Spannweite ist durch Stoß eines birnenförmigen Fallgewichtes von etwa 3,5 kg beansprucht worden. Das Gewicht ließ man nacheinander aus, 1,2 und 2,5 m Höhe nahezu auf ein und derselben Stelle aufstürzen. Im letzten Falle (2,5 m Fallhöhe) wurde ein Loch ausgeschlagen, das oben etwa 1,2 cm Durchmesser betrug und sich kegelförmig unter etwa 60° nach unten erweiterte.

Das Gewicht ist jedoch nicht hindurchgestürzt. Damit war die Stoßfestigkeit als ausreichend anzusehen, zumal es sich in praxi nur darum handeln wird, daß nach S. 8 nicht ein Werkzeug durchschlagen kann.

3. Versuche zur Feststellung der Verteilungsbreite einer Einzellast.

Da die Frage nach der wirksamen Verteilungsbreite einer Einzellast bei einer dermaßen elastischen Platte immerhin fraglich war, wurden mit einer durchlaufenden Platte nach Abb. 55, 56, 57 und 58 diesbezügliche Versuche angestellt; die Platte hatte drei Öffnungen zu 3 m, einen Querschnitt nach Abb. 57 mit einem Eisenquerschnitt von 3 ⌀ 7 mm und 3 ⌀ 8 mm = 2,66 cm^2 bei einer Breite von 1,13 m.

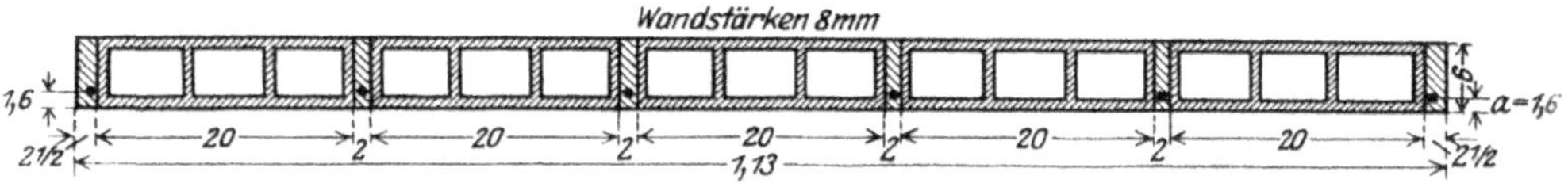

Abb. 57. Querschnitt durch die Versuchsdecke.

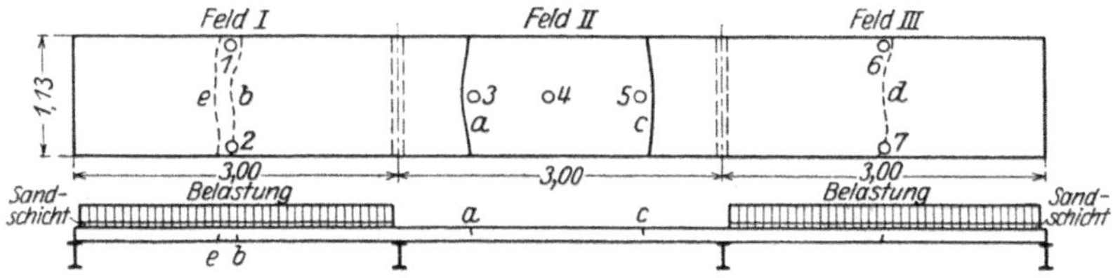

Abb. 58. ——— Risse an der Oberseite. - - - - - Risse an der Unterseite.

Die Durchbiegung infolge der Einzellast P in den Meßpunkten 1, 2, 3 und 4 (Abb. 56) gibt folgende Tafel:

Last in kg	Durchbiegung in mm in Punkt 1	2	3	4
50	0,36	0,40	0,40	0,39
100	0,72	0,78	0,77	0,77
150	1,05	1,17	1,16	1,11
200	1,39	1,55	1,54	1,49

Diese Werte sind in Abb. 55 aufgetragen; aus dem Verlauf ist zu schließen, daß die Einzellast auf 1 m Plattenbreite verteilbar ist, zumal die äußeren Punkte gegenüber den mittleren im Mittel nur um etwa 6% zurückbleiben, ein Wert, der bei einer praktischen Bauausführung noch kleiner werden dürfte, da dort die Plattenbreite größer als 1,13 m ist und daher günstig wirkt.

4. Versuch auf Tragfähigkeit infolge gleichmäßig verteilter Belastung.

Die in Abb. 58 dargestellte Decke ist in den beiden Endfeldern gleichmäßig belastet worden, bis der Bruch eintrat. Dieser erfolgte bei einer Gesamtlast von 1180 kg im linken Endfeld und bei 1160 kg im rechten Endfeld, entsprechend einer Einheitsbelastung von 360 bzw. 354 kg/m². Da der Versuch sowohl für Ingenieure als auch für Architekten bemerkenswert ist, so soll nachstehend kurz der Versuchsverlauf in der Tabelle gezeigt werden. Die belastete Fläche betrug in Feld 1 und 3 je 3,28 m².

Feld 1				Feld 2			Feld 3				
Ges.-Last in kg	dgl. in kg/m²	Durchbiegung in cm an den Meßstellen		Aufbiegung an den Meßstellen			Ges.-Last in kg	dgl. in kg/m²	Durchbiegung in cm an der Meßstelle		Bemerkung (vgl. hierzu Abb. 58)
		1	2	3	4	5			6	7	
680	207	1,16	1,18	0,72	0,65	0,30	760	232	0,90	0,85	Riß „*a*" i. Feld 2 an der Oberseite der Decke, 70 cm vom Auflager
880	268	1,52	1,50	1,00	0,85	0,65	860	262	1,10	1,05	Riß „*b*" in Feld 1 in der Mitte der Unterseite
980	299	2,05	2,15	1,30	1,18	0,75	960	293	2,25	1,88	Riß „*c*" in Feld 2 an der Oberseite 75 cm v. nächsten Aufl.-Riß „*d*" in Feld 3 in der Mitte d. Unterseite
1080	329	2,98	3,05	2,80	2,35	1,80	1060	323	2,60	2,86	Riß „*e*" in Feld 1 in 15 cm v. d. Mitte der Unterseite
1180	360	—	—	—	—	—	1160	354	—	—	Unter allmählichem stetigem Durchbrechen der Felder 1 u. 3 u. Aufbiegen des des 2, Bruch der Felder 1 u. 3 in der Mitte

Der Deckenquerschnitt war ebenso wie in Abb. 57 mit $d = 6$ cm, $f_e = 3 \varnothing 7 + 3 \varnothing 8 = 2{,}66$ cm². Die Betonüberdeckung der Eisen betrug am Versuchskörper durchschnittlich 1,2 cm, so daß $h = 6 - 1{,}2 - 0{,}4 = 4{,}4$ cm; mit diesen Werten ergibt sich

$$x = \frac{15 \cdot 2{,}66}{113}\left(\sqrt{1 + \frac{2 \cdot 113 \cdot 4{,}4}{15 \cdot 2{,}66}} - 1\right) = 1{,}42 \text{ cm}; \ \frac{x}{3} = 0{,}48 = 0{,}5 \text{ cm},$$

$$z = h - \frac{x}{3} = 4{,}4 - 0{,}5 = 3{,}9 \text{ cm}.$$

Um nun, wenn auch nur in der Annäherung, eine Vorstellung von den auftretenden Inanspruchnahmen zu haben, sollen die bei dem Versuch auftretenden Feldmomente im Endfeld ermittelt werden; das Eigengewicht ist dabei rd. zu 60 kg/m angenommen.

$$M_1^g = 0{,}08 \cdot 60 \cdot 3^2 = \ldots\ldots + 43{,}20$$

$$M_1^Q = 0{,}101 \frac{(1080 + 1060)}{2} \cdot 3 = + 324{,}20$$

$$\text{zus. } + 367{,}40 \text{ mkg}.$$

Entsprechend ergeben sich für die anderen Lasten die folgenden Gesamtfeldmomente im Endfeld. Desgleichen sind σ_b und σ_e unter Annahme von $n = 15$ errechnet.

Belastung Q in kg als Mittel von Feld 1 u. 3	$M_g^g + M^Q$ in cmkg	σ_b	σ_e
720	26000	83	2506
870	29700	95	2863
970	33300	106	3210
1070	36700	117	3538

Es ist natürlich, daß diese Werte für die Beanspruchung des Steines σ_b und auch σ_e nur Annäherungen darstellen, weil das Verhältnis $n = E_e : E_b$ sich während der Belastung ändert. Im allgemeinen wird n eher zu dem Werte 25 neigen als zu dem vorgeschriebenen $n = 15$, denn es ist die Überlegung nicht von der Hand zu weisen, daß ein Steineisenkörper sich mehr zusammendrücken wird wie ein Eisenbetonkörper. Vor längeren Jahren war denn auch der Wert n mit 25 in den behördlichen Vorschriften festgelegt. Der Grund, weshalb man auf $n = 15$ herabgegangen war, liegt scheinbar daran, daß man aus Sicherheitsgründen lieber Wert auf eine verhältnismäßig größere Deckenhöhe legte, um so dergestalt steifere Konstruktionen zu erhalten. Wenn man trotzdem $n = 25$ als in vielen Fällen als richtig annehmen möchte, dann besagt dies für die Beurteilung der vorstehend errechneten Beanspruchungen, daß in Wirklichkeit die Steinbeanspruchungen kleiner und die Eisenbeanspruchungen größer sein dürften. Der Versuch hat indessen einen großen Überschuß an Bausicherheit bewiesen sowohl hinsichtlich der erreichten Höchstnutzlast von rd. 360 kg/m², als auch hinsichtlich der auftretenden Beanspruchungen. Die tatsächliche Steinbeanspruchung ist im übrigen in der Wirklichkeit überdies noch weiterhin verkleinert, weil die Biegedruckbeanspruchung immer etwas kleiner als die errechnete ist, weil, wie oben ausgeführt, der Wert n mehr nach 25 neigt statt nach 15, damit wird aber x größer und infolgedessen σ_b kleiner.

Daß aber in der reinen mechanisch aufgebrachten Auflast auch schon für das bloße Auge eine Sicherheit erwächst, zeigt Abb. 60, die die Bruchlast einer 2,5 m gespannten gestelzten 6 cm-Zomakdecke zeigt. Bei einer Deckenbreite von 1,5 m betrug die Bruchlast

$$Q = \text{rd. } 4400 \text{ kg},$$

somit

$$q = \frac{4400}{2{,}5 \cdot 1{,}5} = 1180 \text{ kg/m}^2$$

Es erscheint dieses Ergebnis im Vergleich zu demjenigen des vorhergehenden Versuches verhältnismäßig reichlich groß. Dies kommt aber daher, weil die Eisenbewehrung außergewöhnlich kräftig war, nämlich 6 Stück ⌀ 9,5 mm, und zwar „gezogene" Rundeisen. Überdies noch solche von 7 mm als Druckbewehrung.

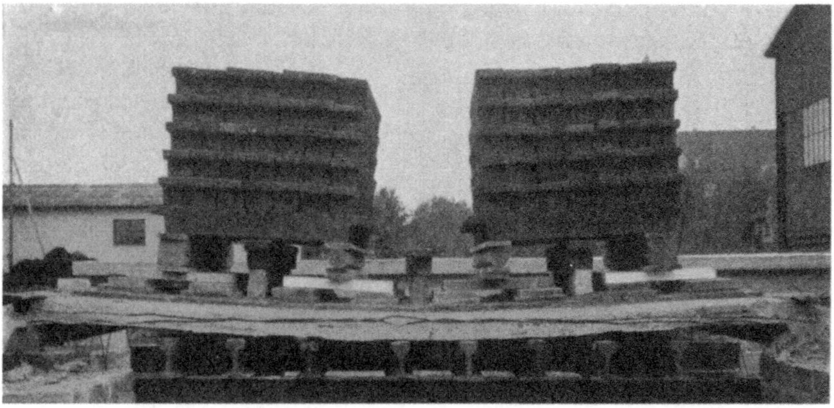

Abb. 59. Zomakdecke, gestelzt auf 2 Stützen; $l = 2{,}5$ m, $d = 6$ cm, $b = 1{,}5$ m. Bruchlast 4400 kg.

c) Zur Theorie.

Die statische Berechnung dieser Leichtsteindecke erfolgt genau wie die jeder andern Steineisendecke. Nach den ministeriellen Bestimmungen ist $n = E_e : E_b = 15$ zu setzen. Nach den Vorschriften der Berliner Baupolizei sind ferner für die Beanspruchung des Eisens 1000 kg/cm, für die Steine 33 kg/cm² zulässig, überdies darf die Steinbeanspruchung nicht größer als $^1/_7$ der Steinfestigkeit sein (gem. Eisenbeton-Bestimmungen S. 33). Demgemäß sind bis auf weiteres folgende Höchstspannweiten zulässig, 6 cm hohe Steine vorausgesetzt:

Bei Durchlaufdecken gleicher Spannweite:

wenn nur 2 Felder vorhanden	$l = 2{,}35$ m
3	$l = 2{,}65$ „
4	$l = 2{,}55$ „
5 und mehr	$l = 2{,}60$ „

Wenn dagegen die beiden Endfelder kleiner ausgeführt werden, dann gelten folgende Grenzwerte, wenn l_1 = Endfeld und l_2 = Mittelfeld bedeutet.

Vorhanden	2 Felder	$l_2 = 2{,}5$ m	$l_1 = 2{,}2$ m
	3 „	$l_2 = 2{,}80$ „	$l_1 = 2{,}45$ „
		$l_2 = 3{,}00$ „	$l_1 = 2{,}15$ „
	4 „	$l_2 = 2{,}80$ „	$l_1 = 2{,}40$ „
		$l_2 = 3{,}00$ „	$l_1 = 2{,}25$ „
	5 und mehr „	$l_2 = 2{,}80$ „	$l_1 = 2{,}45$ „
		$l_2 = 3{,}00$ „	$l_1 = 2{,}25$ „

Größere Stützweiten dürfen in Berlin bis auf weiteres nicht ausgeführt werden, jedoch sind bei kleinen Überschreitungen Ausnahmen gemacht worden. Da sich hierbei am Stützenmoment auch Überschreitungen der Steinbeanspruchungen ergaben, mußte zu einem entsprechend breiten Vollbetonstreifen gegriffen werden, so sind mit den 7 cm-Steinen (Abb. 60) Spannweiten von 3,4 m zugelassen worden. Als Eigengewicht der Decke (ausschließlich einer etwaigen Abgleichschicht und Pappe) sind 50 kg/m² zulässig, wenn die bereits eingangs erwähnten porösen und **leichten** Steine zur Verwendung kommen. Für die Fugenbreite wäre 2 cm als Mittelwert zu wählen.

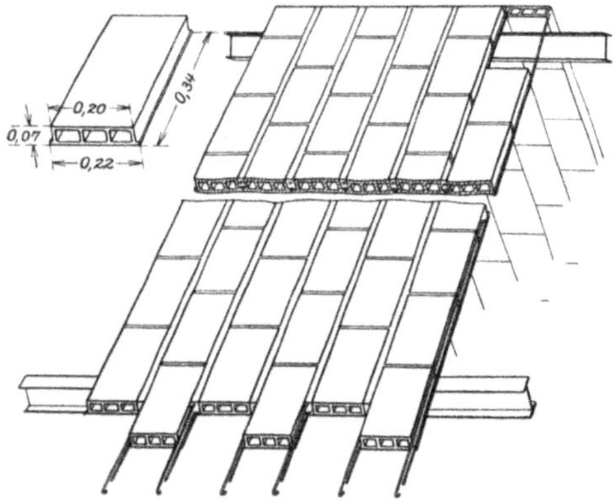

Abb. 60. Leichtsteindecke, 7 cm hoch.

Zur Berechnung der Schubspannung ist zu beachten, daß die Summe aller Fugen und Steinwandungen (vgl. Abb. 57) je m Plattenbreite betragen $b_0 = 4 \cdot 2 + 18 \cdot \delta$.

Ist $\delta = 8$ mm, dann erhält man $b_0 = 4 \cdot 2 + 18 \cdot 0{,}8 = 22$ cm. Die zulässige Schubspannung für die Steine beträgt 2,5 kg; es sei aber von vornherein bemerkt, daß dieser Wert fast nie erreicht wird, wie aus folgendem Beispiel hervorgeht; angenommen, es wäre ein System von 5 Feldern zu 2,6 m gegeben und die Reparaturlast stünde unmittelbar am ersten Auflager, dann ergibt sich:

$$Q = 60 \cdot 2{,}6 \cdot 0{,}606 + 100 = 195 \text{ kg},$$

dann ist

$$\tau = \frac{195}{22 \cdot 8/9 \cdot 4{,}6} = 2{,}17 \text{ kg/cm},$$

also

$$< 2{,}5 \text{ kg/cm}^2.$$

Hierzu kann noch gesagt werden, daß, wenn trotzdem in irgendeinem Falle eine Überschreitung denkbar wäre, nicht allzu streng an dieser Grenze von 2,5 kg/cm² festgehalten zu werden brauchte, da bei den vorliegenden dünnen Steinwandungen die Eisenbetonfugen mit 8 cm allein 37% der gesamten Scherbreite ausmachen und somit die zulässige Schubbeanspruchung für Eisenbeton mit $= 4\ \mathrm{kg/cm^2}$ hereinspielt.

d) Anwendungen und praktische Ausführungen.

Die am meisten verbreitete Form der Leichtsteindecke ist die nach Abb. 61[1]), aus der auch ersichtlich ist, wie man sich durch Windhaken gegen Abheben der Dachplatte sichert. Bei Räumen, wo auf saubere Deckenuntersicht gehalten wird, besteht hier wie überhaupt bei allen Hohlsteindecken der mißliche Umstand, daß selbst bei geputzter und geweißter Untersicht die Betonfugen hindurchscheinen. Um dies zu vermeiden, verwendet z. B. die Firma A. Stapf eine ihr geschützte Strohseilunterlage (Abb. 62) unter dem Eisen. Zomak dagegen konstruiert den sog. Nasenstein mit 7 cm Höhe nach Abb. 60 und trachtet auf diese Weise die Fugen verschwinden zu lassen. Hierbei werden die Steine wie in Abb. 63 einfach auf der Schalung verlegt, die mit Abstandhaltern versehenen Eisen eingebracht und schließlich vergossen. Dabei sind die vom Verfasser[2]) gegebenen Regeln nicht zu vergessen. Bemerkenswert ist auch von letzterer Firma die Ausführung nach Abb. 64, weil dort eine etwa 80 kg schwere Abdeckung mit Dachpappe überflüssig ist; die Dichtung wird (parallel zur Traufe) dadurch erzielt, daß hier die Steine Überdeckungslappen haben, während in der Dachneigung die Dichtung durch konisch sich überdeckende „Mönche" bewirkt wird. Es ist selbstverständlich, daß ein gewisser Grad von Dachneigung vorhanden sein muß, um eine Dichtigkeit von vornherein zu erzielen. Außerordentlich instruktiv sind in dieser Beziehung die folgenden Abb. 64 bis 66, die von dem Instruktionsfilm der Berliner Baupolizei stammen und die nach Unterweisung durch den Verfasser von der Ufa hergestellt worden sind.

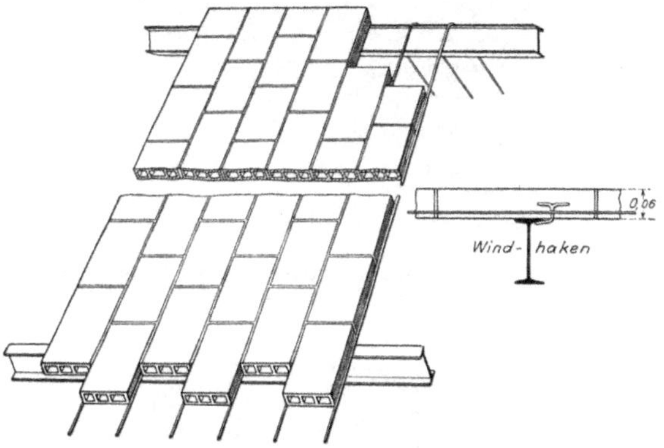

Abb. 61. Leichtsteindecke, 6 cm hoch.

---

[1]) Die Abbildungen sind von der Firma Hans Zomak zur Verfügung gestellt, mit Ausnahme der Abb. 62 u. 73, die von der Firma A. Stapf stammen.

[2]) „Beton und Eisen" 1925, S. 72 bis 77.

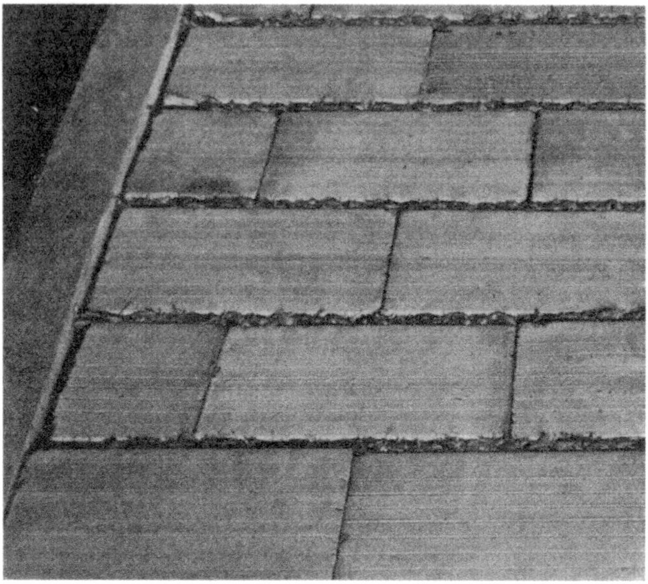

Abb. 62. Unterseite einer Leichtsteindecke, bei der die Fugen durch Strohseile gegen Durchscheinen durch den Putz gesichert werden (Ausf. v. A. Stapf).

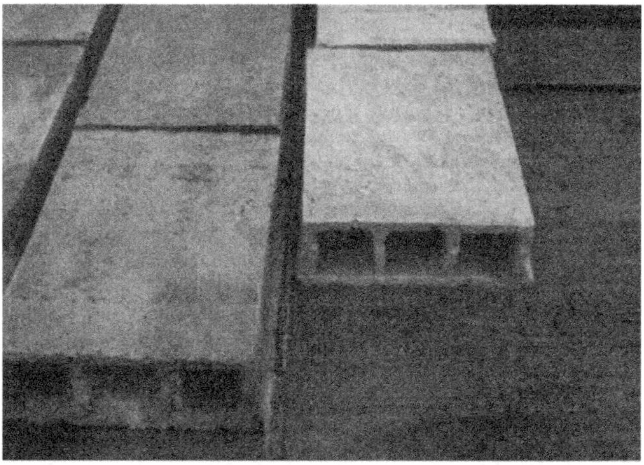

Bewehrungseisen
Abb. 63. Auf Schalung verlegte 7 cm-Zomaksteine.

Abb. 65 zeigt, wie die Flachsteine nebeneinander und übereinander vermauert werden. Abb. 66 zeigt die Vermauerung der Mönchsteine, Abb. 67 endlich den Gesamtanblick des Daches. Dieses Bild ist besonders für den Architekten interessant, weil man wähnt, eines von den klassischen alten Ziegeldächern vor sich zu haben, während wir in Wirklichkeit eine viele Meter weit gespannte freitragende moderne

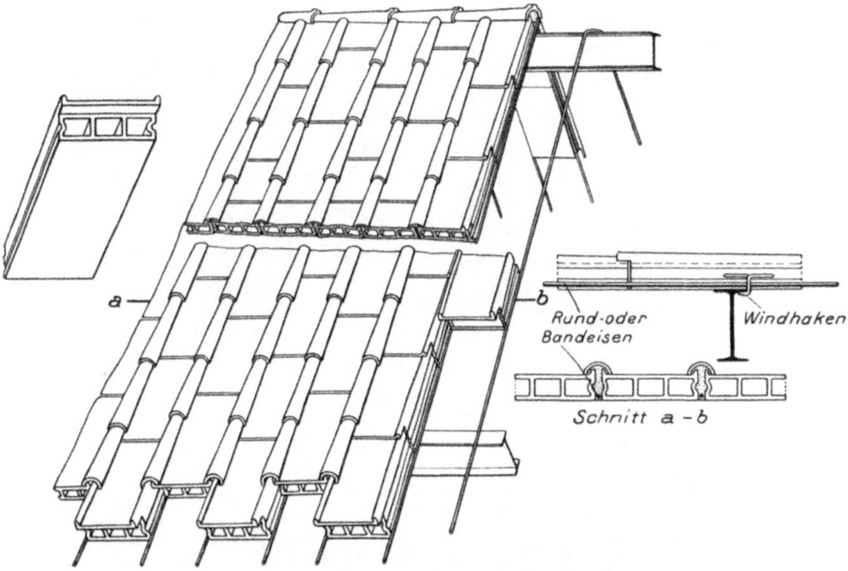

Abb. 64. Pappelose Leichtsteindecke (Zomak).

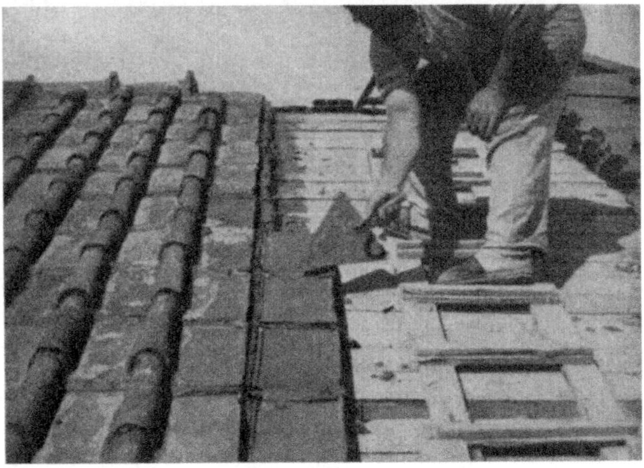

Abb. 65. Pappeloses Leichtsteindach (Zomak). Vermauern der Flachsteine.

Steineisendecke vor uns haben. Abb. 68 zeigt die konstruktive Durchbildung einer Traufe. Abb. 69 dagegen einen Anfallpunkt gegen ein Oberlicht.

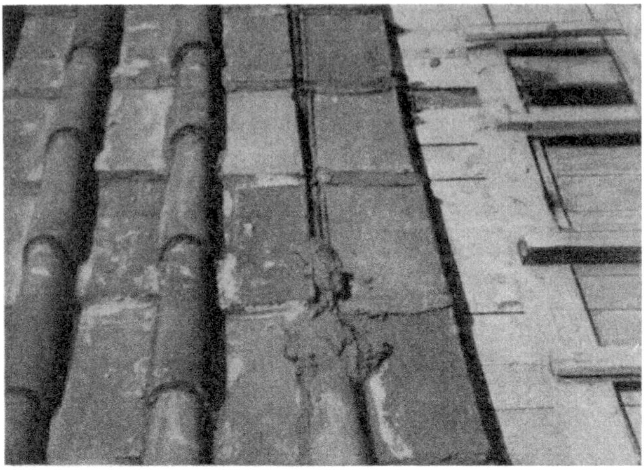

Abb. 66. Pappeloses Leichtsteindach (Zomak). Untermauern des Mönches.

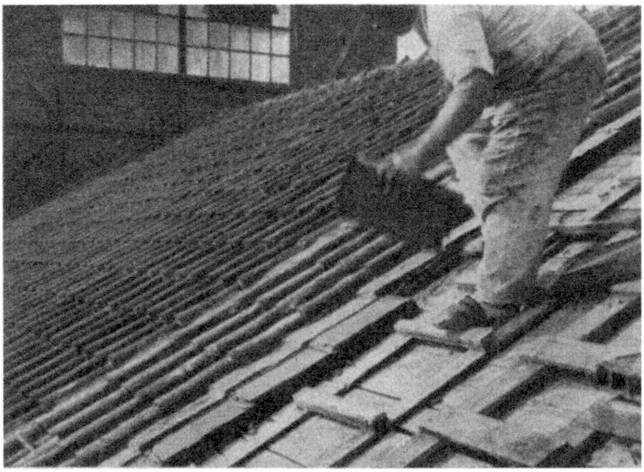

Abb. 67. Pappeloses Leichtsteindach (Zomak). Gesamtanblick.

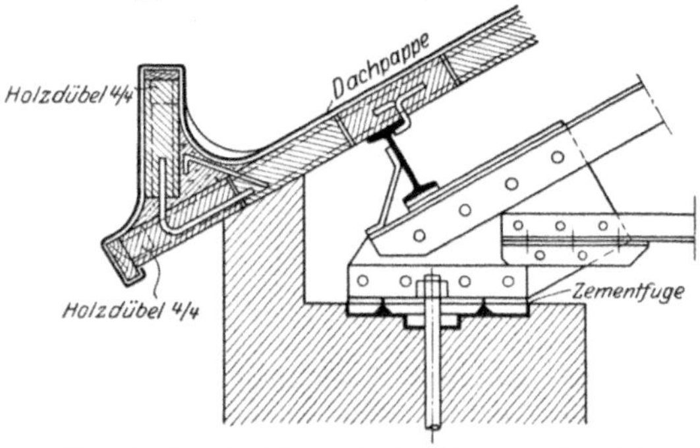

Abb. 68. Traufausbildung in Leichtsteinen (Zomak).

Abb. 70 und 71 zeigen mit Zomakdecken eingedeckte Hallen, u. a. Messehalle IX Leipzig (Lauchhammer-Rheinmetall).

Abb. 72 zeigt die pappelose Ausführung (entsprechend Konstruktionsskizze Abb. 64) auf dem Sudhaus der Genossenschafts - Brauerei Friedrichshagen. Aus den genannten Bauausführungen ist erkennbar, daß diese Ausführungsweise einen schmucken Eindruck macht, und man würde auf den ersten Anblick hin kaum vermuten, daß eine weitgespannte freitragendeDachdecke ohne jegliche Sparren und Latten vorliegt.

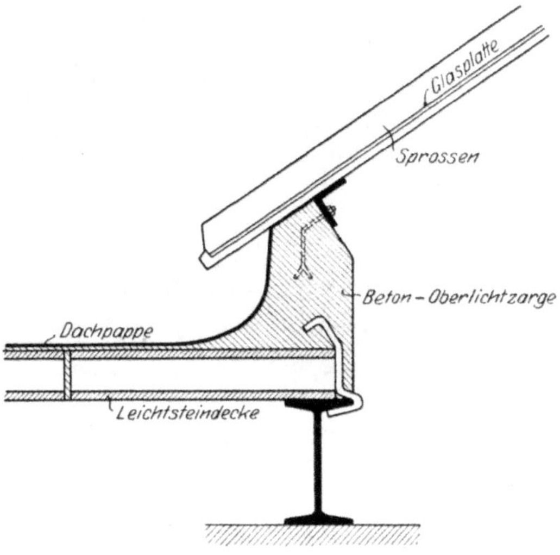

Abb. 69. Oberlichtanschluß der Leichtsteindecke (Zomak).

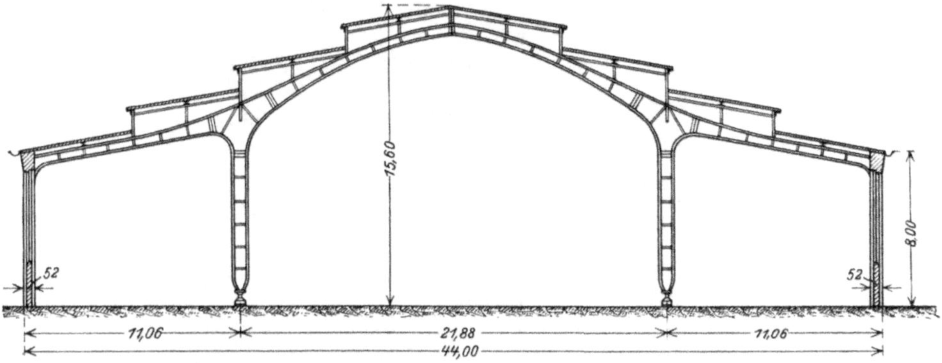

Abb. 70. Mit Zomakdecken eingedeckte Halle (Lauchhammer-Werke).

e) Winke für die Anwendung.

Die normalen Leichtsteindecken sind in erster Linie für hallenartige Bauwerke geeignet. Wenn eine besondere Isolierung erforderlich sein sollte, empfiehlt sich eine Decke nach Abb. 73[1]) (A. Stapf), Mehrgewicht für Isolierung etwa 55 bis 60 kg/m². Die Zomaksche Ausführung nach den Abb. 64, 65 u. a. m. ist jedoch auch für Monumentalbauten und Wohnhausbauten gut geeignet, weil sie technisch und schön-

[1]) Ges. geschützt.

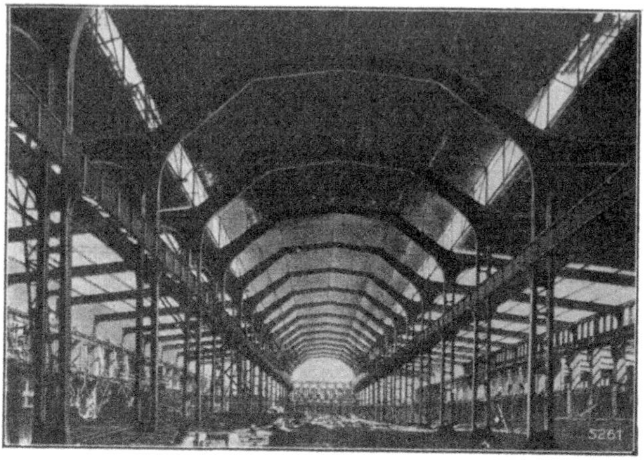

Abb. 71. Mit Zomakdecken eingedeckte Messehalle IX in Leipzig (Lauchhammer-Werke).

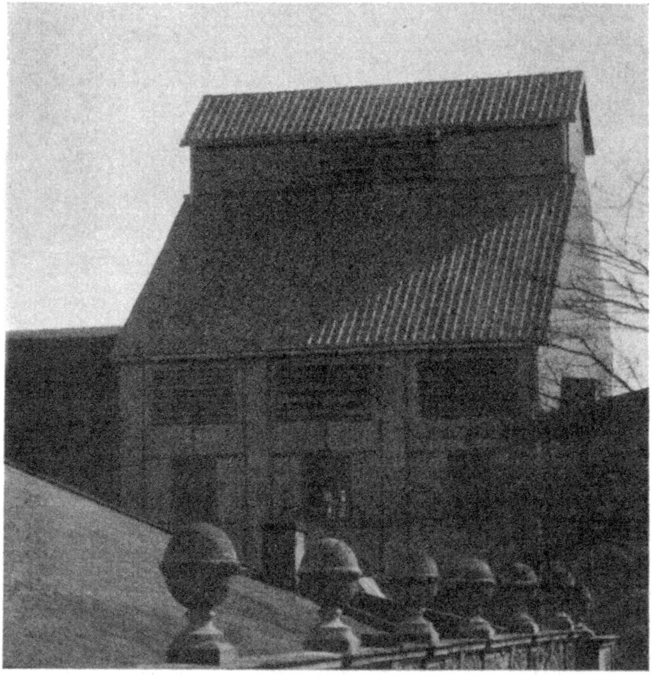

Abb. 72. Pappeloses Zomakdach, Gen.-Brauerei Berlin-Friedrichshagen.

heitlich befriedigt. Kostenersparend wirkt es in nicht unerheblichem Maße, wenn man beim Entwurf der Binder darauf achtet, daß die Deckenendfelder 20 bis 25% kleiner als die Mittelfelder vorgesehen werden; bei fünf und mehr Feldern können dann die Abstände der Mittelpfetten 3 m betragen selbst auch nur bei 6 cm hohen Steinen. Vergleiche auch S. 59. Es versteht sich von selbst, daß man in allen Fällen darauf zu achten hat, daß ausreichend Windhaken (vgl. Abb. 61, 64 und 68) vorzusehen sind, ferner, daß genügend Vorkehrungen zum Festhalten der Rundeisen in ihrer Lage in den Fugen getroffen sind, damit sich die Eisen während des Betonierens nicht verschieben[1]). Aus diesen Gründen ist es zu empfehlen, den Bau von Leichtsteindecken nicht von kleinen Firmen ausführen zu lassen, die solche

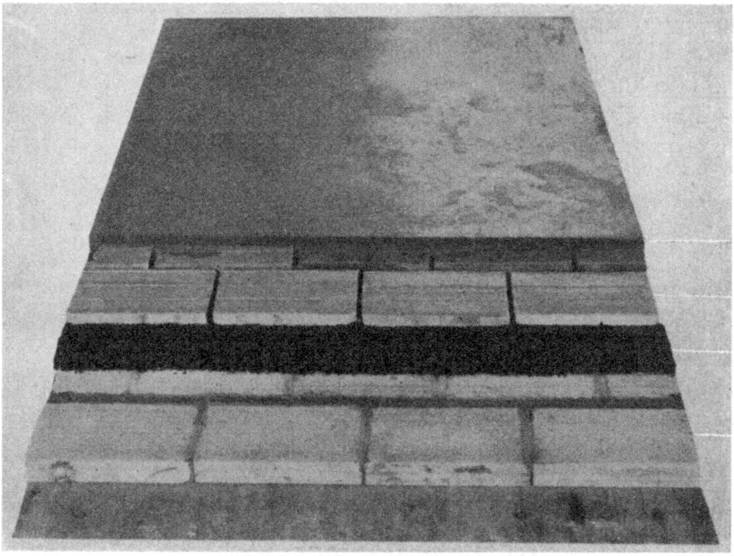

Abb. 73. Untersicht auf eine isolierte Leichtsteindecke (A. Stapf).

Arbeiten nur selten vornehmen, sondern nur von altbewährten Geschäften mit gut eingearbeiteten Spezialarbeitern.

Krumm gezogene Steine und zerbrochene sind abzulehnen, auch stelle man das Gewicht der Steine fest, wobei man indessen auf kleine Überschreitungen gegenüber dem bei dem Entwurf zugrunde gelegten Steingewicht nicht allzu peinlich zu achten braucht. Weitaus wichtiger ist, daß die Steine so geschickt eingewölbt werden, daß Mörtel in die Hohlräume nicht einläuft, was wiederum nur geschickten eingearbeiteten Deckenarbeitern gelingt.

---

[1]) Diese Forderung sollte füglich bei sämtlichen Steineisendecken, also auch bei Geschoßdecken, stets gestellt werden. Nachträgliche Aufstemmungen haben erwiesen, daß die Lage der Bewehrungseisen oft sehr zu wünschen läßt.

IV. Zusammenfassung.

Die neuzeitlichen freitragenden Dacheindeckungen sind ganz ohne jegliche brennbare Stoffe hergestellt und sind aus diesem Grunde naturgemäß schwerer an Gewicht als etwa ein Eisensprossenglasdach oder ein Pappdach. Man wird aber oft gerne die etwas schwerere Unterkonstruktion der Binder und Pfetten in Kauf nehmen wollen, wegen der erheblichen technischen und auch schönheitlichen Vorzüge gegenüber den alten Eindeckungen.

Zum Schluß sollen in grob umrissenen Grenzen auch die Preise dieser Eindeckungen angegeben werden, um dem entwerfenden Baukünstler eine Übersicht der neuzeitlichen Eindeckungen zu bieten.

I. Bimsbetonplatten.

Gewichte nach den Tabellen S. 7. Preis etwa 6 bis 7 RM. je m^2.

II. Glaseisenbeton.

Die dünnen 22 mm-Platten wiegen 60 kg/m^2 und kosten je m^2 etwa 25 bis 30 RM.

Glaseisenbeton nach der Art der Abb. 28:

$d = 43$ bis 55 mm · · $g =$ 90 bis 120 kg/m^2, Preis etwa 50 bis 70 RM. je m^2
$d = 65$ mm · · · · $g = 135$ kg/m^2, „ „ 80 RM. je m^2.

Glaseisenbeton nach Art der Abb. 29:

$d = 52$ bis 55 mm · $g = 80$ bis 100 kg/m^2, Preis etwa 40 bis 50 RM. je m^2.

III. Leichtsteindecken.

Die gewöhnliche Leichtsteindecke (Zomakdecke) Abb. 61 bzw. 64:

$d = 6$ cm wiegt je nach Steinsorte (vgl. S. 53) 50 bis 60 kg/m^2, Preis 6 RM. m^2
$d = 7$ „ „ „ „ „ 52 „ 60 „ „ 7 „ „

Die Konstruktion nach Abb. 64 und 65—67 wiegt 85 kg/m^2 und kostet 15 bis 19 RM. m^2.

Das Mehrgewicht für Isolierung nach Abb. 73 beträgt 55 bis 60 kg/m^2 und der Mehrpreis etwa 4,5 RM einschließlich der Abgleichschicht für die Pappe.

Die vorstehenden Preise sind nur als Annäherungen anzusehen. Sie richten sich vor allem nach der Größe der Entfernung von der Baustelle und nach der Höhe, in der sich die Dachdecke befindet und schließlich nach der Größe des Objektes.

GPSR Compliance

The European Union's (EU) General Product Safety Regulation (GPSR) is a set of rules that requires consumer products to be safe and our obligations to ensure this.

If you have any concerns about our products, you can contact us on ProductSafety@springernature.com

In case Publisher is established outside the EU, the EU authorized representative is:

Springer Nature Customer Service Center GmbH
Europaplatz 3
69115 Heidelberg, Germany

Batch number: 10844675

Printed by Printforce, the Netherlands